庭院石材造景全书

|步道|露台|石材水景|石墙|台阶|

石材项目的规划与打造

〔美〕帕特·萨基◎著　葛晓萌◎译

北京科学技术出版社

著作权合同登记号　图字：01-2022-5314

图书在版编目（CIP）数据

庭院石材造景全书 /（美）帕特・萨基著；葛晓萌译．— 北京：北京科学技术出版社，2023.3

书名原文：Landscaping with Stone

ISBN 978-7-5714-2502-9

Ⅰ．①庭…　Ⅱ．①帕…　②葛…　Ⅲ．①庭院－石料－景观设计　Ⅳ．① TU986.2

中国版本图书馆 CIP 数据核字 (2022) 第 148356 号

策划编辑：李　菲
责任编辑：李　菲　王　晖
责任校对：贾　荣
责任印制：李　茗
图文制作：天露霖文化
出 版 人：曾庆宇
出版发行：北京科学技术出版社
社　　址：北京西直门南大街16号
邮政编码：100035
电　　话：0086-10-66135495（总编室）
　　　　　0086-10-66113227（发行部）
网　　址：www.bkydw.cn
印　　刷：北京博海升彩色印刷有限公司
开　　本：787 mm × 1092 mm　1/16
字　　数：200 千字
印　　张：13.5
版　　次：2023年3月第1版
印　　次：2023年3月第1次印刷
ISBN 978-7-5714-2502-9

定　　价：148.00元

致谢

泥瓦匠、景观建筑师、设计师、雕塑家和房主将他们的才智及难得的经验都毫无保留地贡献给了本书，在此对他们表示衷心的感谢。我还要感谢景观设计师和教师，他们的相关著作启发并帮助我完成这本“入门指南”。我还要对执行编辑弗兰·多内根（Fron Donegan）表达诚挚的谢意，他在我的初稿完成后参与进来，感谢他对我这个缺乏经验的作者的耐心和宽容。我要特别感谢查理·普鲁特（Charlie Proutt）和丹妮·杨（Danny Young）在读了我的书稿后提出了很多宝贵意见；感谢米兰达·史密斯（Miranda Smith）对我的指导；感谢布莱恩（Brian）和威尔（Will）的幽默和理解。各位的帮助对我完成这些探索性项目有着非常重要的意义。

安全第一

本书中的所有景观项目和施工过程都经过安全验证，安全问题无论如何强调都不为过。以下是针对现场保护和项目安全的一些提示。

- 参照本书操作时请务必小心，保持专注并根据情况自行做出判断。
- 在挖掘土方前，务必先明确地下管线的位置，并且保持一定的安全挖掘距离。这些地下埋藏的管线通常为天然气、电力、通信和供水管线等。联系当地的市政公司可以帮助你确定管线的具体位置。
- 务必阅读并遵照工具的使用说明操作。
- 确保电力连接安全；确保线路不会过载，所有电动工具和电力线路都接地良好，并连接了接地故障漏电保护器；不要在潮湿环境下使用电动工具。
- 务必在使用化学药品、切割木材、修剪树木、使用电动工具，以及敲击金属时佩戴护目镜。
- 除杂草、防治植物病虫害时优先使用无毒或低毒的农药，并严格遵照说明来使用农药。
- 仔细阅读化学品、溶剂等用品的标签，在通风场所使用，注意安全警告。
- 当树枝可能掉落造成伤害时，在工作中应佩戴安全帽。
- 粗糙的表面、锋利的边缘或有毒的植物可能会伤到手，务必在工作中佩戴合适的手套。
- 保护自己免受蜱虫的伤害，因为蜱虫可能会传染莱姆（Lyme）病。穿浅色的长袖上衣和长裤工作，并在收工后检查自己是否受到蜱虫叮咬。
- 锯木材或者使用有毒农药时务必佩戴一次性口罩或可过滤空气的面罩。
- 确保自己与锯条、切割盘或钻头保持安全距离。
- 在进行永久性建筑的施工前，确保已经获得当地房屋管理部门的许可。
- 避免使用除草剂、杀虫剂等有毒化学品，除非你确定它们是针对解决特定的问题而开发的。
- 禁止非工作人员随意进出工作区域，以免他们被工人误伤或在工作现场出现危险情况。
- 当你感到疲倦、在你喝酒或服用特殊药品后，切勿使用电动工具。
- 切勿在口袋里存放锋利或尖锐的工具，如刀或锯条。

目录

简介

本书是为想要将天然石材用于建造庭院景观的房主准备的。随着市场上各式各样的石材及设备的出现即使是没有经验的房主，使用石材造景也变得非常简单。

石材可以在各种风格的庭院景观中发挥作用。数千年来，石材对我们生活的方方面面产生了巨大的影响。工匠们采集、运输、存储、打磨、抛光、砌筑、固定和雕刻石材，其中用到的手艺和创造才能令人既兴奋又敬佩。本书中的案例将为所有想要拥有庭院景观的房主们提供灵感。

▼在屋后的庭院中，石材地面围绕一棵树排列成星形

创作优秀的石材景观作品既需要体力也需要创造力，还需要所有景观项目成功的必备条件：切合实际的期望、可靠的供应商和分包商、有益的经验、耐心和辛勤的汗水。每立方英尺重约 160 磅（每立方米重 2.5 吨）的石材将考验你的勇气。

本书可以作为景观项目的实施指南。使用书中的信息，你既可以自己动手完成一个项目，也可以将其作为参考，与工匠或设计师合作共同完成项目。

设计和规划

本书的前 4 部分将教会你思考如何将石材融入庭院景观设计中，指导你如何明确整个项目的设计风格、评估场地、选择石材，以及协调整个施工过程。有关工具和技术的内容可以让项目进展得更加顺利。书中展示的项目规划有助于你更好地安排进度、规划工期、利用手中的资源。

▼在一处住宅的入口，砌筑的石板台阶直达仿古木门

石材景观项目

第 5 ~ 12 部分分别介绍了不同石材景观中的设计元素。这些内容汇集了房主、设计师、园丁和泥瓦匠的宝贵经验。各景观案例来自美国天然石材丰富且有使用石材传统的地区。各部分内容均包含石材景观的设计细节、数十张真实景观照片，以及操作指南。

▼建造类似天然泉眼的水景可能比你预想的简单

▲石板砌筑的步道，中间是一座跨越池塘的木板小桥

►由天然石材砌筑的石墙是摆放五颜六色盆栽的理想位置

为什么做石材景观?

每个人都有选择自己动手完成景观项目的理由：经济方面的考虑、劳动的快感、学习的乐趣，以及创作带来的兴奋等。如果你想体会上述的乐趣，那么可以考虑自己完成一项石材景观项目。技术和表现力确实很重要，但更重要的是你对项目全身心的投入。

本书可帮助你提升房产的美感和价值。本书既包含景观创作的灵感，又包含细节性的技术指导，这些都有助于你将灵感和草图转变成完善的石材景观项目。

1

石材的设计

石材可能是所有景观材料中最富于变化的。石材的强度和耐久性使其成为庭院中步道、露台和墙体的优质建材；石材的装饰性又使其成为庭院景观中独特的元素，可以用于流水景观、岩石花园及各种花纹的石材地面。本部分将介绍如何将石材融入景观设计之中。

▲石材水景令人赏心悦目

明确期望

开始规划景观项目时，你需要先明确项目的规模和主要元素。准备做哪类项目？大概的尺寸是多少？项目中会用到哪些石材？由谁来施工？

参考既有的石墙、露台等园林景观是你探索对石材景观的选择偏好的最好方式之一。你可以通过观察自然界的石材、邻居的院子、本地的植物园，以及其他类似场所学习如何使用石材。你不仅可以从中了解石材的各种用途，还可以从中发现自己最喜欢的使用方式。

探索各种可能

当你尝试在院子里增添新的露台，在花园里增加一面质朴的石墙，或者建造任何基于石材的项目时，要依据基本的设计原则，以使

▼干砌石材露台比砂浆砌筑露台显得更随性

为景观项目收集信息

√把采石场或石材市场提供的样品带回家。

√收集图书和杂志中你喜欢的景观案例，包括整体景观和具体的元素。

√拍摄身边的人工或自然园林中的石材景观。

√为拍摄的照片标记尺寸并做相关记录，包含地点、石材类型、联系人等。

√留心体会踩踏不同材质的地面时的感觉，以及对走路的影响。

√留心观察身边的园艺项目和自然景观的四季变化。

√可能的话，观察身边的园林景观在夜晚的照明环境中的效果。

景观更好地匹配周围的环境。

大小和比例。设计元素的大小和其与周围环境的比例是密切相关的。物体的大小既和它的固有尺寸有关，也和它相对于其他物体的尺寸有关。一堵10英尺（3米）高的石墙会比庭院内的任何物体都高很多，如果你想要绝对的隐私和安全的话，这也许是个好的选择。但如果你只想要一个常规的花园，那么3英尺（90厘米）的石墙会是更佳的选择。

比例是指不同物体之间的尺寸关系，如露台和整个院子的尺寸关系。恰当的比例可以使所有设计元素相互协调，达到平衡。

线条。线条定义了空间，同时也表现了其他的特质。直线往往意味着权威和规则，正如一条直路总是显得很正式，而一条弯曲的路则代表了一定的自由和随意。

平衡。在景观中，平衡是指搭配使用的不同元素所产生的综合效果。当这些元素看起来浑然一体时，景观就处于平衡状态，达到令人赏心悦目的效果。平衡既可以是对称的，也可以是不对称的。

协调与节奏。在一个协调的设计中，所有的景观元素具有相似的特征，如大小、形状或颜色，以及露台和墙体都使用同一种石材。节奏是指重复的模式。当一个或多个特征以某种模式重复出现时，它创造了一种可视化的节奏。各元素间的平衡是构建协调与节奏的关键。

►石材露台只有在合适的比例下才能达到最佳效果

受欢迎的石材景观项目

适合花园和庭院的石材景观大致可以分为以下 3 类：模仿自然的景观、功能性的景观及雕塑型的景观。有些景观不属于任何类别，而是多种功能类别的结合体。以下是石材景观的细分类别。

模仿自然的景观

√池塘

√小溪和河床

√瀑布

√从地下露头的岩石

√碎石

√放置在空地或树林中的石块

√水中的石墩

功能性的景观

√石台阶

√壁炉和篝火堆

√泳池周围的石材

√防腐的石材

√石材桌椅

√路缘石

√阳台

√升高或下沉的平台

√灯座

√花坛

√石桥

雕塑型的景观

√一块或一组景观石

√水碗

√鸟浴

√雕刻或铸造的雕塑

√浮雕

√马赛克

√其他材料和石材组合的雕塑

▲完成这样的水景需要专业人士的协助

◀别致的螺旋设计使游客的注意力随曲线移动

纹理和颜色。石材的颜色和纹理多种多样。当你开始设计自己的景观项目时，你会发现石材几乎可以表现任何想要的效果：富丽堂皇、优雅、简约、神秘、井然有序等。石材甚至可以表现出令你意想不到的效果，如干枯的河床就是典型代表。

▲五颜六色的植物生长在曲线台阶的两边

设计要点

随时随地寻找灵感

翻阅花园和家居装饰杂志，查阅设计师的作品集，以及游览当地的花园都可以获得设计石材景观的灵感。可以联系当地的园艺俱乐部和园林保护区确认花园开放的时间。

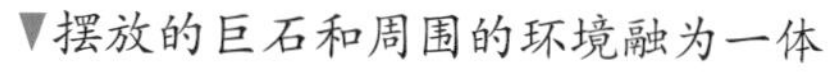

▼摆放的巨石和周围的环境融为一体

石材景观的审美

使用石材造景时，你需要对石材的质量、数量、分布，以及石材景观和周围环境之间的过渡形式做出判断。对于露台和步道等平面石材景观，还得选择基床的形式，明确如何固定石材。你的每个决策都将影响景观的整体效果及场地的整体性。

石材的物理特性。石材的物理特性对景观至关重要，因为石材的颜色、表面质感、开裂纹理，以及尺寸和形状都对景观的整体效果有重大影响。

表面光滑的石材比表面粗糙的石材显得更规整，形状匀称的大石块比不规则的小石块显得更规整。露台地面使用每块 2 平方英尺（0.19 平方米）的青石并在石材之间留出规则缝隙，会比使用各种颜色、表面粗糙或开裂的不规则石材显得更规整和传统。

石材的数量、分布。石材的数量、分布是指使用多少石材及如何排布它们。分布包含每组石材之间的关系、石材与周围植被的比例关系及石材组合在一起的方式。对于墙体和地面项目，紧密排列在一起的石材就比随机组合的石材显得更正式。对于某些项目，预先考虑不断生长的植被会对石材形成的遮挡效果是很有必要的。你甚至可以预先设想四季变化为景观带来的不同效果，如一座山坡上的假山花园在夏季可能是色彩斑斓的，但是到了冬天则银装素裹。

大型石材之间的分布是关系到景观整体效果的决定性因素。石材之间既要离得足够近以表明相互之间的联系，又要离得足够远以表现各自的独立性。

◀石材和碎石是日式庭院的基本元素

砌筑形式。石材景观既可以干砌也可以用砂浆砌筑，但是不论怎样砌筑，砌筑形式都对景观的整体外观有一定影响。砌筑形式的变量在于石材之间的空隙、空隙的尺寸，以及空隙是否填充、用何种材料填充。一般来说，砂浆砌筑的、规则的、小间隙的形式显得比较正式。以露台为例，如果石材地面的拼接缝隙既不规则又比较大，那么整体呈现的效果就会比接缝均匀、细密，地面显得更自由。留心观察各种

▲干砌和砌筑石墙都借助石材的交错摆放来提高整体的稳定性

▼石砌花坛和耐寒植物一同构成了岩石花园的垂直景观

比较正式风格设计和非正式风格设计

石材的类型及其分布、过渡、基床形式都将对景观的呈现效果和风格产生影响。以下是需要考虑的要素：

正式风格设计	非正式风格设计
表面光滑	表面粗糙、不规则
切割的石材	开凿或风化的石材
外形规整、方正的	外形不规则的
重复的样式	随机的样式
统一的颜色	多种多样的颜色
均一的材质	不同的材质
较小的缝隙	较大的缝隙[大于0.75英尺（2厘米）]
均匀的缝隙	参差不齐的缝隙
涂抹砂浆的缝隙	砂石填充的缝隙
只用一种石材	使用多种石材
较高的花坛	阶梯状的花坛
尺寸和颜色统一的卵石	混合的卵石
较大的景观（大型露台和水景）	较小的景观
路缘石材质	**路缘石材质**
方形木材	圆形木材
砖或其他外形规则的石材	形状随机的石材
卵石	树皮覆盖
规则的花坛	泥土覆盖

砌筑形式的可能性，关注在相似景观中设计师做出的不同选择，这样可以帮你做出最合理的决策。

小提示

不要忽视后期的维护

决定地面的砌筑形式时，要同时考虑后期的维护是否方便。砌筑的缝隙仅需要少量的维护，但仍要考虑缝隙最终会开裂；砂石填充的缝隙需要周期性地补充砂石；砂石填充并绿化的缝隙则需要定期除草。

▼有经验的工匠可以用天然石材筑出图中这样的户外围坐露台

设计指南

你是否收集了许多使用特定的类型或图案的石材打造的景观的照片？可能某种特定的颜色、纹理或形状的石材是你收集的石材景观的主要用料。这很好地表明了你对石材作品的个人偏好。

请注意你喜爱的景观中最突出的方面。有的时候，最吸引眼球的可能不是石材，而是附属的其他元素，如水景或者盆栽。具体的而不是泛泛的观察可以帮助你获取更多的信息，并让你更有信心地选择设计细节。咨询既有助于你关注到景观的细节，也可让你发现那些容易被忽略的问题。

对景观的想法和期待会持续推动你长期投入其中，甚至鼓励你在其中加入一些自己独有的想法或喜爱的功能。

◄在阳光充足的地方，石材铺设的小路是植被景观的良好补充

调查研究

在你观察完工的石材景观或者喜爱的自然园林的同时，不妨思考以下问题：

√你喜欢石材的什么特质？

√石材之间如何过渡？

√除了石材之外，还有其他可以体现自己的设计元素的材料吗？

√石材的形状、排列、质地、数量和类型如何影响景观的整体形式和效果？

√如何描述总体效果？

√如何评价整体效果中的丰满或留白？

√石材景观定义或创造了空间吗？

√石材景观是否会因为汇聚热空气或者遮挡阳光而影响微气候？

√景观共需要多少石材？

√如果按照自己最喜欢的方式，石材占景观整体的比例是多少？

√如果考虑植被一年四季的变化，石材景观都是可见的吗？

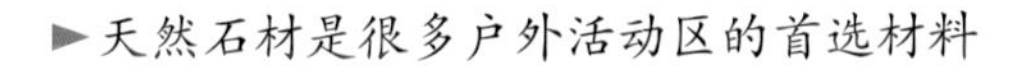
►天然石材是很多户外活动区的首选材料

▼在景观中混合使用不同材料的示例

对某种石材或石材砌筑方式的直观感受是判断你的偏好的另一项指标。有时候，这种偏好只是因为你觉得这种设计看起来更舒服。总之，对于石材、图案及砌筑方式的选择，经验都是最重要的指标。

权衡。设计的目标、场地的可能性和预算之间需要做权衡。许多房主认为这是设计过程中最难的部分。在这种情况下，通常最好先征求朋友的建议，然后再开启设计流程，从而获得最合适的景观设计。

来自场地的灵感

场地的特征是设计景观时的宝贵灵感来源。一般来说，场地本身的特性对景观的整体特征有决定性的影响。专业设计师一般会将场地评估作为设计过程的重要组成部分，自行设计的房主也该如此。通常，根据场地特性进行设计比彻底改变场地的花费更少，而且也更容易与周围的环境融为一体。在第2部分，将介绍更多利用场地特性进行设计的方法。

使用道具

可视化的辅助道具有助于你探索灵感以及为景观的建造做准备。可以用切割的纸板来模拟露台、花坛或台阶的效果，也可以用可延展的材料，如铁丝网和波纹纸来模拟大石块的

摆放效果。

树枝和小树可以用来模拟未来长成的植物，园艺软管和绳索可以很好地勾勒出小路、水景或者露台的轮廓，甚至简单的木桩和丝线也可以用来展现计划建造的场地空间。

对选用的材料保持好奇，像艺术家一样选择石材，探索并尝试不同的图案、间距以及明暗效果，观察各种石材潮湿时的外观和质感，观察已建好的景观中石材与周围环境的关系：这些练习是你做决策的依据，会影响景观的整体效果。

大自然是最好的老师，它能教会你如何打造模拟自然景观的石材景观。你如果想要打造类似岩石河床或者假山的景观，那么注意观察自然界中岩石的分布将是你实现理想效果的最好方式。

在石材景观中融入个人的风格不是一件容易的事情，一定的冒险精神是必需的。如果在初期尽可能多地探索各种可能性，你会发现设计决策会变得相对容易一些。在探索阶段学到的所有东西都有助于你将一堆石头变成自己喜欢的景观。

▼设计师将砖块和石材混合使用，墙体、巨石、台阶和步道形成了一个和谐的整体

建造步道和台阶

从纯粹的功能角度来说，步道、小路和石台阶用于满足你从庭院的一处行走到另一处的需求。此外，它们还串联起了景观设计中的各种元素，如一座桥梁把一片区域与另一片区域连接起来。你也可以通过用步道或石台阶连接由相同种类的石材建造的设计元素（如连接两座石墙或连接一座石墙和一个露台）来强化它们之间的联系。在步道上使用相近的石材可以将整个设计更紧密地联系在一起。

▼由切割石材制作的台阶沿着山坡蜿蜒向上

▲精心建造的石墙和楼梯勾勒出露台的边界

▼天然石材很容易与周围的环境融为一体

步道和台阶的补充

◄由木板和砾石组成的柔和的曲线台阶增添了景观的趣味性

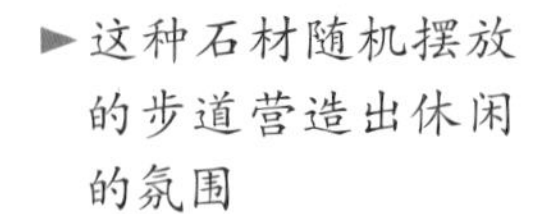

►这种石材随机摆放的步道营造出休闲的氛围

▼在摆放大型石板时要尽量排列得自然些

▲通过将特殊的形状和图案相结合来创建独特的设计

建造石材露台

露台将室内的自然结构延伸到室外的居住空间中，它是人们希望在庭院中找到并聚集的目的地。与任何室内起居空间一样，露台的设计要考虑到人们将来在这片区域可能进行的各种活动。露台一般都被设计成供人坐下来欣赏风景的空间，但它也可以是用于娱乐、烹饪及照看在户外玩耍的儿童的地方。

◄镶嵌设计使石露台颇具个性

▲用于观景的露台将自然景观融入到起居空间中

▼图中的石材和风化的砾石、户外家具、天然植物相互映衬

石材露台的案例

▲石材露台既可以非常简洁，也可以极其精致

▲传统的立柱让石板露台显得更加规整

建造石墙

墙壁形成边界，将你的院子与邻居的庭院隔开，或将你的院子分成几个较小的部分。一堵或一组石材挡墙可以将院子里的斜坡变成平坦区域。石墙还提供了其他景观元素很难提供的稳定感和力量感。石墙既可以干砌又可以用砂浆砌筑。干砌石墙通常比砌筑的石墙显得更加自然，但是石材的类型和墙的设计决定了石墙的最终观感。

▲规则的台阶与干砌石墙融为一体。留心观察嵌入石墙的石凳

►使用天然材料通常有助于景观和环境的和谐性

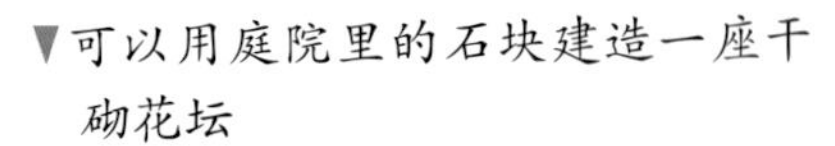

▼可以用庭院里的石块建造一座干砌花坛

▲使用相似的材质、不同的尺寸和形状的石材往往能形成优异的整体效果

◀砂浆砌筑的石墙可以用来当花盆

▼尺寸和形状不规则的石材让这座石墙显得十分自然

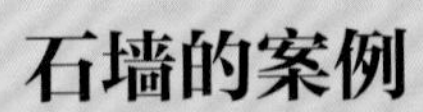

石墙的案例

▼石墙赋予景观一种坚固感

▲考察石墙景观时，不妨多留意石材和环境融为一体的设计

▼绝大多数石墙都是笔直的，偶尔出现的曲线反而增强了石墙的趣味性

▲建造砌筑石墙有一定难度，但是它们可以成为景观的亮点

▼坚固的石墙看起来像是支撑整个建筑的基座

建造岩石景观

岩石景观包括岩石花园、一组类似雕塑的石块、一个小水槽、一段干枯的河床等。实际上，大型水景一般都会使用石材来建造水池，而在溪流和瀑布中也会使用石材来引导水流的方向。在设计岩石景观时，你可以充分发挥自己的想象力和创造力，前提是合理地排列和摆放石材。

◀圆形的石材露台是堆放篝火堆的最佳位置

▼在庭院中摆放大型石材是一门艺术

设计要点

石材作为设计元素

石材可以装饰空间。石材的尺寸和形状、颜色、质感、间隔及摆放方式都会影响景观的最终效果。观察石材景观时，注意这些设计元素。

►图中的水景看上去更像是天然形成的，而不是人工建造的

▼使用鹅卵石建造的喷泉

岩石景观案例

►设计师使用片石打造出优雅的花园石瓮

▼这个引人注目的水景使用天然石材以达到浑然天成的效果

▲将图中这种不同寻常的设计融入庭院景观很有挑战性

► 石材赋予景观真实感的同时遮盖了池塘的防水隔层

▼这个可爱的动物石雕守护着草莓田

2

规划景观

在脑海中形成石材景观的大致规划，意味着是时候对景观场地进行一次漫长而又辛苦的勘察了。只有充分了解场地的限制性和价值，你才能充分地利用场地。进行细致的阐述或描绘是完善景观设计的关键步骤。在制订石材景观的可靠规划时，任何细节都是至关重要的，用铅笔修正设计的错误比亲自动手改造完工后的庭院容易得多。

场地评估清单

使用场地评估清单来评估景观场地，如果施工或景观公司已经对场地进行过评估，就用该清单来检查他们的工作。

位置

√产权边界

√通行权（检查产权契约）

√地下管线（从物业公司处获取图纸）

√通信线路

√水管、天然气管线、下水道和电力线缆

√泄水口（可向房主或建筑师确认或在低处寻找）

识别

√土壤类型

√永久性人行、车行线路

√保留或需要改造的地形

√保留和移栽的植被

√需要保护的植物根系

√局部微气候的可能性

√考虑水的计划或变化

√考虑石材的计划或移除

√新的排水要求

√人工照明的区域和照明的类型

√保持或改变空气流动的方式

√保持或改变照明或光影的条件

√新、旧景观之间的转换方式

√未来可能的新景观或新建筑带来的影响

区域限制和许可要求（咨询当地市政部门）

√复原要求

√许可证

√侵蚀控制（大型项目）

场地管理要求

√进场路线

√卸载的净空间

√足够的地面空间可停放满载的车辆

√与施工活动相关路线的规划

√石材、基础或砌筑材料的堆积场地；挖出的表土和底土；植被

√开挖区域的边界

√倾倒多余土壤的场地

√机械设备的操作空间

√用旗帜或绳索划定非安全区域

砂浆砌筑

√水的获取

√废水的处理

√水泥防水存储

保险

√房主现有保单的覆盖范围以及施工保险的覆盖范围

√分包商的保险认证

▲即使只增加一个小型后院露台也需要仔细检查地下管线的分布

明确施工场地

当你进行石材景观施工的时候，需要的施工空间往往超过景观本身的范围。施工场地包含运输的出入口，岩石、回填和垫层材料的存储空间，将来需要重新布置的泥土，为植物养护准备的空间；地下设施，排水管，以及施工涉及的房屋设施。举例来说，如果你准备在房屋的一侧开通一条通往庭院的出口，那么房屋的这一侧，以及所有的窗户、门廊、观景平台都在施工场地的范围内。

此外，场地范围还包括施工中必须修的路堤和沟渠。如果要使用大型设备，那么设备的操作空间也在考虑范围内。

与邻居和睦相处。有时候，施工场地的范围会超出产权边界。如果你打算在施工中占用任何额外的场地，请与邻居协商，能达成书面协议就更好了。如果可能的话，你也可以考虑占用一小部分街道。

场地评估

和天马行空的早期规划不同，你需要非常细致地进行场地评估工作。将场地内的所有物品列一个清单，尽量不要漏掉每一个细节，识别场地内的所有特征、可利用和限制之处，然后在此基础上绘制平面图和立体图。

设计要点

体验空间

可以尝试对庭院做一些改变，然后居住数周感受这些变化。例如，你可以把椅子摆放到不同的位置，坐着感受景观的变化；或者用橡胶软管把规划中的道路划定出来。大部分人并没有很多机会来规划空间，这些方法有助于反复调整规划。

► 应细致入微地为场地评估做准备，特别是当你计划布置流水景观的时候

成为土壤专家

场地的土质是石材景观能否长久稳定的决定性因素。如果你想建造一个大型的石材景观，了解土基的情况是特别重要的。高墙和花坛墙需要恰当地回填压实，否则石材景观将会倾斜、变形，并逐步损毁。

试挖是一种检测土壤成分和质量的常用手段。如果土壤很容易挖掘，那么说明没有被充分压实，或者沙质成分过多不足以支撑大型石材景观。平坦的碎石土是最理想的，只需要对它们稍做填平和排水处理。其他种类的土壤一般都需要挖掘清理，并用更稳定的材料来换填。

如果土壤排水不畅，你可以考虑增加积水沼泽或排水沟。

▲用鹅卵石和碎石铺设双重边界是一种很有趣的设计

◄铺设干石板只需要很浅的基础挖掘

►像图中这样的大尺寸石材需要用重型设备运输到施工场地

避免挖掘中的意外情况。在正式挖掘之前先排查场地，检查挖掘范围内是否有大型岩石或不寻常填充物，因为有人在草坪下面半米深处挖到过步道路缘石。

可以通过将钢筋插入挖掘深度来检查挖掘场地，插入间隔大约 1 米。如果在排查过程中发现大型地下岩石，尽量调整设计来避开它们。爆破和移除大型岩石的费用是非常昂贵的，而且它们有可能大到根本无法挖掘。

水土流失。在施工期间，一场大雨可能会让你的庭院变得满是泥泞。一些预防措施可以避免这种情况发生。对于中小规模的景观，可以通过挖掘排水沟来疏导水流；用土工布或塑料布覆盖裸露的土壤，包括回填土堆；用地膜覆盖裸露的土壤，并用石块、混凝土块、木头压住地膜以临时保护干土不被风吹散。

施工要点

预估工期

如果需要预估工期，你可以请教一位有经验的泥瓦匠，看他每一步都需要花费多长时间。你需要的时间是他的 1 ~ 2 倍，具体取决于你的动手能力。你也可以估算最快多长时间能完成，那么实际花的时间一般是估算的 2 倍。

市政法规要求在施工中对预防水土流失采取必要的措施，但住宅范围内的施工项目不在规定范围内。如果还是有疑问，你可以咨询市政管理部门。

制订场地规划

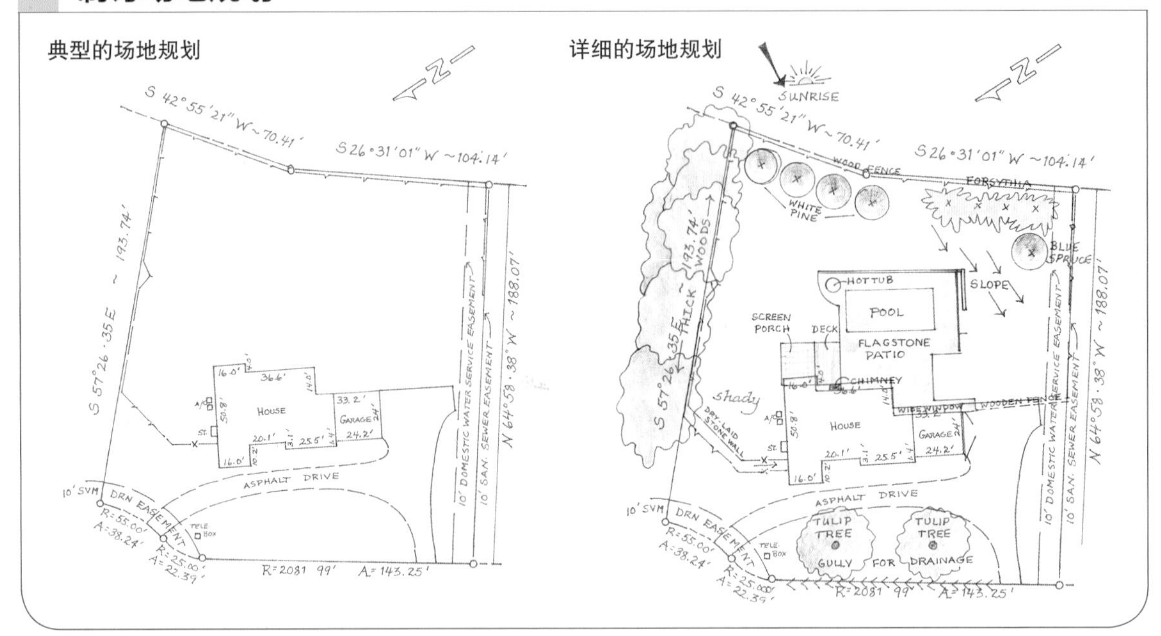

绘制场地图纸

图纸可以帮助你制订计划、解决问题、检验创意、与施工人员沟通，还可以让施工过程更有条理。图纸的必要性和效果取决于项目的规模，以及你的工作风格和动手能力。有些人有着卓越的空间想象力，没有图纸也可以完成复杂的项目施工，甚至一整座大楼的施工。然而，对一般人而言，图纸有助于完善项目的细节，并让项目有条不紊地被推进。

初步规划。对于简单的景观项目，可以在场地评估清单和草图的基础上绘制项目的平面和立面图纸。平面图中应包含不能移动的节点，如植物、房屋，以及步道排水沟等线路设施。立面图则包含地形起伏、下挖沟渠的深度，以及挖掘和回填的具体要求。

对于有复杂地形的景观项目，你可以考虑把平面图和立面图覆盖在现有的图纸上。这

◄一条随意铺设的石板路通往房屋入口处

种对比能帮助你估计可能出现的施工困难或空间限制。

多少才足够？包含高频使用区域、挖掘和填充区域、施工细节，以及植物移栽计划的场地图纸可以减少施工中的失误，并让自己能更清晰地了解施工过程和项目完成后的效果。图纸的数量和细致程度取决于个人习惯。

第一版图纸通常不准确，所以你需要反复检查，如果有其他人帮助你检查就更好了。让反复检查成为一种习惯。如果你不只有一套图纸，应确保所有图纸同步修改，并且为了避免混乱，在图纸上应注明修改日期。

▲大小不一的石块搭配使用可以让庭院景观自然又和协

当个好邻居

事故随时可能发生，如挖掘设备可能倾覆，一堆石块倾倒在马路上可能损坏路面，密集的材料（碎石、泥土或植物）可能会影响其下面的植被生长，所以你要提前做好准备。可以通过签订书面协议来避免因占用邻居的或公共的设施带来的麻烦。社区可能有类似的协议文件和流程，但是你要为邻居拟一份草稿。这份协议应该包含：

√开始和结束日期；

√使用区域的描述，包含施工前多角度的照片；

√你计划如何使用该区域；

√有关你将把该区域恢复成原样的条款。

有关责任保险的疑问，请提前和保险公司沟通。

施工场地管理

场地管理是指对所有影响景观项目能否高效、安全完成的细节的管理工作。你不会希望在项目进行到一半时突然发现有一块数吨重的巨石因阻挡了一部分工作区的入口而必须被移走，也不会因希望土堆堆放的地方只能用铲车而不是小推车来运输回填而抓狂。

为了避免发生类似的情况，在图纸上或者场地里模拟项目一步一步的进展是很有必要的。使用卷尺和标记桶来标记关键区域的边界，并及时与送货司机、泥瓦匠等需要进入场地的人员沟通。设备操作员对安全、工作环境的要求可能与你的不同。陡峭的地形、水流、泥浆，以及未知的地下管线都很容易拖延工期。

使用图纸。如果场地十分复杂，在有比例尺的平面图上标明存储和交付的区域，以及可以在哪里操纵设备。可能的话，在场地内圈出这些区域。如果场地比较狭窄，那么一堆石材的占地面积是10英尺 ×10英尺(3米 ×3米）还是20英尺 ×20英尺（6米 ×6米）对景观整体影响的差异是非常大的。

施工要点

轻松管理

为你的景观项目建立2个表格：一个表格列出项目的各个部分或者步骤，另一个表格列出采购清单和施工服务清单。根据项目的具体实施顺序整合2个表格，这样就完成了项目规划的主要工作。管理大型复杂项目的关键在于绘制项目各个部分的图纸，以及根据时间表进行采购。

专业咨询

如果你正处在大型景观项目的设计和规划阶段，请专业人员来评估你的方案。尽管许多景观设计师没有受过专业的景观设计教育，但他们有着丰富的石材景观知识。泥瓦匠和景观工人的专业技能通常体现在施工而不是设计上，然而他们中的许多人具有审查项目规划所需的项目管理和设计能力。总之，你需要对自己预想的石材景观有着丰富经验的人来提供意见。

◄规模较大的景观项目。建造这种曲线石台阶需要足够大的建造、运输和材料存储空间

►细致的现场评估成就了优美、色彩鲜艳的花园

寻找专业人士。你可以请亲友来推荐专业人士，或者直接联系自己欣赏过的作品的专业设计师，或者去园艺中心或石材市场寻求专业人士的建议。尽管会花费一些时间，但是有专业人士提供可靠的意见与雇用专业人士实施项目是同等重要的。通过查看履历并结合别人的意见来筛选专业人士。与专业人士会面并讨论你的项目，专业人士审查设计的收费为每小时 35 ~ 100 美元。

最终审核。完成场地规划后，在脑海里一步一步仔细地构思整个规划，这种演练是发现项目中被忽略的部分或被遗忘的细节的好方法。

用桩桶、喷漆或防水记号笔标记关键位置，因为开始施工后这些位置可能很难找到。如果施工需要花费几个月甚至更长的时间，则应保留一张基于基准点测量的地图。拍照片作为记录以备将来翻新，或者作为将来房屋出售时的存档记录。

辅助规划的预算

预算对于制订规划是非常有用的。因为在你制订规划的同时，预算包含了最全面的材料和服务清单。一种可行的规划策略就是从制订详细的预算开始规划项目。好的预算也能帮你检查规划阶段可能忽视的细节。不论你如何使用造价之外的预算功能，预算制订得越详细就越有用。

▼这个大型的水景池盛满了鹅卵石，四周环绕着天然植物，这一切都造就了花园中简洁、优美的视觉焦点

▲为你欣赏的石材景观拍照，记录下景观的地址、石材的种类、联系人等信息

▲制订详细的预算可以帮你规划大多数项目，即使是很小的项目

► 建造图中这样的石材景观，既要有摆放石材的技能，又要掌握估算泳池承重的知识

要花多少钱呢？

成本构成图的完成意味着项目规划阶段的结束以及施工阶段的开始。如果你包揽了整个施工项目，那么许多施工相关企业都会为你提供特价优惠以及一个用于整个项目实施期间的账户。建筑材料的价格会随时波动，如果你在特定的时间周期内采购，有些供应商将为你提供保价服务。坚持要求设计师、承包商和分包商提供书面的造价估算或投标，并且事先商定付款事宜。使用“典型预算类别”中的预算类别可以帮你确定最终的项目预算。

典型预算类别

制订预算是明确项目目标的最优方式。使用以下预算类别来完成你的项目预算。很少有项目会用到所有的类别，选择你的项目中真正需要的类别就可以了。

预算类别

√许可证

√移除现有植被（丢弃或用于移栽）

√去除多余的草皮和土壤

√施工期间的植被养护

√以面积或体积计算的石材总价

√单独的景观石材

√以体积计价的基材和 / 或回填碎石或沙子

√其他材料

√设备租赁费

√工具采购费

√消费税

√排水管改造

√侵蚀控制

√卡车或其他运输工具的费用

√工作区临时围栏

√临时道路或通道

√新建或改造水管、电线或通信电缆

√清理费用

√废弃石材的处理费用

√场地修复

√设计费

√承包商和分包商的土方工程，石材搬运及其他相关施工费

√咨询、设计或安装服务

√保险

√房产税的变化（咨询评估员美化环境的估值）

√应急费用（至少占项目总预算的 20%）

（如果你将在草拟预算后的 6 个月或更长时间购买材料，应将估计费用或应急费用提高 5%～ 10%）

3

作为建筑材料的石材

景观项目所用的石材有很多来源，包括采石场和园艺市场，以及自家的后院、附近的田地、河流沿岸、拆迁或爆破地点等。由于存在运输和存储难题，大部分石材都是本地开采后在本地销售的，但是异地订购也是可能的。试着找到本地石材供应商的电话号码。

▲在你所在的社区中搜寻旧的石墙或废弃的建筑材料，它们可能是免费或廉价石材的来源

石材类别

泥瓦匠和建筑工人用不同的方式来描述石材，依据就是它们的材质。在建筑和景观行业，石材一般依据地质学分类、商品、尺寸或形状来分类。例如，花岗岩是一种特定类型的岩浆岩的商品名称，而岩浆岩就是岩石的一种地质学分类。应用于园林景观时，花岗岩因有各种尺寸，所以可用作铺路石、砌块或方石、台阶石、景观石、砾石和碎石。在采石场或石材市场，你会看到被切成统一尺寸、表面光滑的石材样本，这些石材被称为修整后的石材；而处于自然状态的未打磨石材被称为原石。（参见下页的“石材术语”）

石材术语

以下为在景观行业中用来描述不同类型石材的常用术语。在特定的地理区域，你还能找到很多其他类似的术语。

方石 被切成正方形或矩形的石材，可以用于铺设特定的图案。

比利时砌块 被切成正方形或长方形的石头，通常约为一块砖的大小，并用于铺路。

块石 不规则小石材，用于填充墙壁上的缝隙。

鹅卵石 用于铺路的圆形小石头。任何小尺寸磨石都可以用于铺路。

切割石材 经过加工而形成特定形状或尺寸的石材。

碎石 小石材，其颜色和尺寸多种多样，表面光滑或有棱角。

修整石材 开采后经过加工、表面光滑的方形石材。

表面 石材暴露在外面的那一面。

原石 未经加工的石材。

路面 由石板铺成的步道或露台。

面石 被打磨至1 ~ 2英寸（2 ~ 5厘米）厚度的石材，可用于步道和露台表面。面石可以是统一的矩形，也可以是像拼图一样的随机形状。

铺路石 加工成相同大小和形状的石材，一般为砖块大小，用于步道和露台的表面。

开采修整石材 所有侧面都经过加工，但是保留一面粗糙的石材，也被称为半修整石材。

溪流石 在水中被磨圆的中小型石材。

粗石 直接来自采石场的未经加工的石材。

砾石 在建筑工地上粉碎的石材或切割原石后留下的碎块。另外，用于填充石墙的任何低端石材都可称为砾石。

景观石 有着特别的颜色、表面或形式的石材，其雕刻或装饰品可以被单独使用或与其他景观石一起使用。

▲在项目开始之前，特别是像图中这样的复杂项目，应先对石材进行评估

石材的名称。从地质学的角度看，石材的成分可能随着产地的不同而发生变化，就像石材有各种商品名称一样。有时石材的地质学名称直接被用作商品名称，有时采石场则会给石材另起一个商品名称。威尔明顿片岩（Wilmington Schist）既是在佛蒙特州南部开采的一种变质岩的地质学名称，也是它的商品名称。

莫斯（Moss）岩石产自新墨西哥州中部和南部，但是这个名称没有包含这种石材的任何有用信息，新墨西哥州的泥瓦匠就把它当作本地采石场产的一种砂岩。但是，有的工厂又用它来制作铺路石，并且给它起了商品名称——南部阳光铺路石。有时候，必须依靠照片或者肉眼观察才能辨认出石材的种类。

石材评估

为景观选择石材时，你需要判断石材与景观的匹配度以及石材的品质是比较均一的还是非常多变的。

判断石材是否合适则需要观察石材的外观和结构特点。颜色、质感、尺寸和形状等外观特点都会对项目的整体表现有影响。如果颜色的统一很重要，那么就选择经过加工后不会明显改变颜色的石材。石材的结构特点决定了施工的难易程度，以及石材完工后的耐久性。此外，你还需要考虑石材的吸湿性、力学强度、外立面质量，以及对石材进行切割、分离等的难度。

▲参观那些你觉得值得学习的庭院，看它们如何把各式各样的石材运用得恰到好处

▲预订石材的时候，最好带着石材的照片或者样品去石材市场

石材的多样性。石材从来都不是一成不变的，即使是出自同一采石场的石材，也可能分属不同种类。通过谨慎地目视检测，并用锤子敲打才能评估特定类型的石材的质量。尽量亲自为景观项目选择石材。

有些石材看起来不错，但是没过几年就会开始粉化。谨慎使用看起来便宜的石材，从供应商处获取使用过这些石材的泥瓦匠的信息，然后咨询这些泥瓦匠的使用体验。

如果你还是不确定本地石材是否合适，你可以向美国岩土保护办公室（U.S. Soil Conservation Office）寻求帮助。使用自然石材的泥瓦匠、设计师和景观建筑师一般都对本地常用的石材比较了解。

▼对于图中这种长长的步道，需要把石材沿着步道的路线摆放

小尺寸石材

小尺寸石材，如鹅卵石、碎石、豆石和底砂有时候无法从石材供应商处获取。通过走访砂石市场来了解它们的颜色、尺寸和表面质感，也可以拍照片或者带样本回家。

鹅卵石对于大多数石材景观来说都是一种非常好的基础石材，因为它们既牢固又利于排水。询问供应商，找到包装和干燥处理得都很好的鹅卵石。不同的采石场可能给鹅卵石起不同的名字。记得给比价和订购的过程留下文字记录。

石材的价格

影响石材价格的因素：

√石材的种类

√施工质量

√产地

√运输费用

价格、库存和数量

相似的石材，加工得越精细，价格就越贵。同样类型和质量的石材，一般铺路用大尺寸、外形一致的石材比尺寸较小或者外形不规则的石材更贵一些。

用作庭院景观的石材不只有一个采购渠道，如果没找到满意的石材你可以咨询供应商。一般市场上的石材都是以立方码（1 立方码约等于 0.76 立方米）为单位进行销售的，零售也可能按照货盘来卖。景观石一般单独定价，与尺寸无关。

需要多少？要确定需要多少石材，首先应计算项目石材的总体积，然后计算被浪费的石材占比。超量采购多少石材取决于石材的种类和应用场景，当然你不需要超量采购景观石，你也可以通过精细计算来避免砂石的浪费。砖块和其他小尺寸石材一般只需要考虑 5% 的浪

▼收集小型石材景观的案例，这样你就能同时感受到石材的颜色和质感

费量。如果使用自然石材，你可能需要多采购50%。采购总量取决于石材的质量、建造的景观、景观的外观，以及你想花多少时间来做石材造型的工作。

在你确定采购量的时候，最好先咨询专业人士的意见。专业人士的意见可以最大限度地避免石材的短缺或浪费，以及帮你节省处理多余材料的时间。供应商或熟悉石材的泥瓦匠可以帮助你准确计算石材的用量。

施工要点

使用剩余石材

建造石墙时，优先使用剩余石材填充墙面的空隙，也可以将其用作花坛后面的填充物。较小尺寸的剩余石材也可以用来铺一条贯穿花园的小路。

▲石材与花期不同的花材组合，营造出动态的园林景观

寻找石材

如果没有找到合适的石材供应商，你可以使用收集或回收的石材替代从零售商或采石场购买石材，你曾经很少注意到或已经被你认定为讨厌的石材或许突然变得很有价值。移走他人的石材前，务必获得石材所有者的书面许可。

石材来源

√老旧的石墙或地基
√废弃的采石场和矿场
√采石场的废料堆
√已记录的区域
√建筑承包商和挖掘机操作员
√城镇和道路维护人员
√开发商和待开发场地*
√拆迁地点和拆迁公司*
√爆破工地和承包商*
√废弃的建筑物
√本地报纸上刊登的石材广告

*从待开发场地和拆迁场地移动石材会受到时间的限制

运输指导

在石材抵达前应考虑好在哪里摆放它们。摆放的场地既要容易获取石材，还要避免阻挡进出场地的路线。如果在一段时间内你能够高效地储存和运输项目需要的所有石材，询问物流公司如果所有石材一次运达的话能否降低费用。

为了保证所有石材都被运送到预想的位置，运输车抵达时你一定要在场，以免直接卸下的散装石材被损坏，或者其他石材被弄脏，当然这些还取决于场地情况。如果不能接受这些意外状况，可考虑手工搬运石材或者使用斗式装载机。使用电动清洗工具来打磨表面磨损或被污染的石材。

▲很多珍贵的石材就藏身在你所在的地方

◄根据石材的颜色、质感、尺寸和使用方式为你的景观项目选择石材

▲大型景观石为壮观的后院水景提供了坚固的基础

运输服务。订购大型石材时，预先确认卡车司机是否负责将石材运到指定位置。尽管运输公司可能会根据花费的时间额外收取费用，一般来说这项开销还是值得的。通常，搬运超过300磅（135千克）的石块需要付出大量的体力和时间，而这只是2立方英尺（0.057立方米）的石材的重量。更大的石材就更重了。如果你选择让物流公司来搬运石材，应预留出足够的空间，如果可能的话可提前规划好石材的朝向。

向石材学习

试着了解石材。使用石材预先进行一些练习。观察当你分离、切割和凿击石材时它们是如何变化的。对石材的了解越深入，你就能越好地使用它们。

对大多数景观项目来说，景观的质量和整体效果取决于如何摆放各种石材。对任何项目来说这都是个挑战，建造石墙的时候尤其艰难，因为你不仅要考虑它的美学效果，还要考虑结构整体的坚固程度。

有些人的确在摆放石材方面有很好的天赋，通过耐心的练习，每个人都能掌握正确摆放石材的技巧。只要你在这一步花了足够的时间，你的石材景观就会成为庭院中的亮点。不要想着第一次就能做出优异的作品，和所有的手艺活一样，优秀的石材景观需要耐心和练习。

施工要点

一堂现实中的石材课

一位我认识的石匠在庭院中摆放了一个重达3吨（大约3英尺 ×4英尺 ×3英尺）（0.9米 ×1.2米 ×0.9米）的景观石，并且位于下水道上。他计算出周围的地面承载力是足够的，而且几年都没有出现问题。但就在一天早晨，下水道管破裂，水淹没了地下室。修理时，他重新安置了景观石。这是一个教训，提醒大家要留心石材的重量。

◄ 亚洲风格庭院中用步道石铺成的一个个醒目的旋涡，提供了可安静沉思的静谧场所

► 有些石材市场会在运输后提供摆放服务，如摆放用在水景中的巨大岩石

计算需要的石材

平方英尺（平方米）：长 × 宽，以英尺（米）为单位。

立方英尺（立方米）：长 × 宽 × 高。使用小数来表示英尺中的分数：0.25 英尺是3英寸，0.33英尺是4英寸，0.5英尺是6英寸。举例来说，一个 14×20 英尺（4.3 米 × 6.1 米）的露台需要 4 英寸（10 厘米）厚的沙垫层，总体积就是 14×20×0.33=92.4 立方英尺（4.3×6.1×0.1=2.623 立方米）。

立方码：用立方英尺的数字除以 27。92.4÷27 是 3.42 立方码。

要计算一堆材料的体积，例如一堆您需要从院子里移走的废土，假设这堆土是一个圆锥体。要计算圆锥的体积：V=π（3.14）× 半径的平方（半径是直径的 1/2）× 高度，然后除以 3。

举例来说，如果土堆有 4 英尺高，底部的直径是 8 英尺，3.14×16（半径的平方 4×4）=50.24×4（高度）≈ 201，除以 3=67 立方英尺。（如果土堆有 1.2 米高，底部直径是 2.4 米，3.14×1.44（半径的平方 1.2×1.2）≈ 4.52×1.2（高度）≈ 5.43，除以 3=1.81 立方米。）要得到立方码，把立方英尺除以 27。还是用上面的例子，67÷27 ≈ 2.48。

4

工具和技术

石材景观的施工过程类似于制作三维立体拼图的过程。幸运的是，你选择的石材和用来加工石材的工具可以帮助你更容易地完成施工任务。训练你的辨识力以估计每个石材的大小、表面质感和质量，从而将石材摆放在合适的地方。选择合适的工具来处理石材，让你在完成景观项目的同时享受石材景观。

石材加工的工具

建筑工具

尺
标记工具、铅笔、钉子
4英尺（1.2米）水准尺、拉线水准仪
圆锯
角磨机
羊角锤
10磅（4.5千克）大锤
高程桩
瓦工专用丝线
锤子套
工具腰带或背心

石材加工工具

石锤——造型和劈开石材
砖锤——造型和劈开石材（类似于石锤，但没有那么多用途）
凿子——劈石头和打碎片石
冲击锥——定向冲击
捣碎锤——打凿子和冲击锥
橡胶锤——固定片石和步道石
齿凿——改善软石（如石灰石或砂岩）的形状
磨锤——打磨和修整软石不规则的表面
瓦刀——用于圆锯和直角砂轮机
加湿套件——用于蜗杆驱动的圆锯

景观工具

铁锹
挖锹
耙子
独轮车
夯锤

▲圆锯和瓦刀

▲石锤

▼锤子和凿子

租赁设备

打夯机
石锯
拖拉机
清洗机

石材移动工具

手摇葫芦
平台和滚轮
三脚架

安全设备

护目镜
手套
护臂
钢趾鞋
耳塞
防尘口罩
护膝

▼打夯机

工具

会用到的工具取决于景观本身和所用石材的类型。除了一般的建筑和景观工具外，你还将用到雕塑、切割石材的工具，以及移动和摆放大型石材的工具。对于砂浆砌筑项目，你还需要用于混合砌筑砂浆的工具。

使用切割和造型工具（如石锤、凿子、冲击锥、圆锯片和直角砂轮机片）有造成严重的人身伤害的风险。一次性瓦工刀片和金刚石刀片通常可用于圆锯。锯片类型部分取决于需要切割的数量。如果施工过程涉及大量的造型和切割工作，则需要一些凿子和冲击锥。定期在磨石上进行打磨，或购买不需要打磨的 1.5 英寸（4 厘米）硬质合金凿子。

小提示

工具练习

如果要使用的工具中有你不熟悉的，在使用之前应做些练习。

▲做规划的时候，石材景观可能会损伤周围树木和灌木的根茎

施工要点

标高工具

最好能借到水准尺，特别是当景观项目有几个高度平面的时候。

水准尺比较便宜，使用不当时的读数是很不可靠的。标定的距离越长，它的精度就越差。使用水准尺时你需要：

√使用泥瓦匠专用丝线

√尽可能地绷紧丝线

√把水准尺放在跨度的正中间

√把水准尺翻过来再测一遍，取两次的平均值以消除读数误差

要检查任何位置的水平度时，用水准尺读一下，然后翻转过来再读一次，如果两次读取的数值相同就说明水准精度是可靠的。

工具选择

人们根据使用的舒适度和掌握的熟练程度来选择石材造型的常用工具。例如，你可能会发现凿子和锤子比通用的 2 磅（1 千克）泥锤更好用。一些锤子有减震手柄，使用起来更舒适。与相同尺寸的传统羊角锤相比，硬锤能提供更大的冲击力。家用的圆锯和配备了金刚石锯片的角磨机可以节省时间，但是如果切割很多石头或进行长切割，这些工具将无法连续使用。进行大量切割和造型工作时，可以使用凿子和锤子，或租用工业级切割工具。石材造型、切割的具体技术和工具将在下一部分中展开讨论。

避免工具维护。长时间使用后，凿子和冲击锥的尖头可能会因反复锤击而变钝。打磨端部的边缘，以减少被尖锐边缘割伤的风险。如果羊角锤或泥锤有木柄，在其端部附近几英寸处画一条线，并用一条轮胎的内胎将其缠绕，就好像绑绷带一样。锤子、凿子和冲击锥很容易在石堆中丢失，可以将这些工具涂成橘色。

▼即使采购的是修整好的石材，你还是需要做些石材切割的工作

加工石材

除了放置景观石之外，以下步骤适用于处理各种其他石材。尽管使用各种类型的石材的步骤可能都是相同的，但是当石材的形状不规则时，这项工作还是极富挑战性的。没有经验的人很难理解景观的质量和整体外观，它们取决于每块石头的结构和美学特性。这是加工石材的挑战所在。

一些专业的泥瓦匠似乎对正确放置石材具有天生的直觉。但是对于新手来说，通过耐心的练习是完全可以掌握这种能力的。

准备工作

石材是灵感最好的来源，提前熟悉它们，体验当你劈裂、切割或凿击石材时它们是如何变化的，思考石材的颜色质感能如何提升景观的效果。

分类。石材运达后，先根据用途将其分类。如果你要用原石建造一面独立石墙，那么就按照大型底层石、角石、连接石、盖石、垫片石和用来填充空隙的砾石这样的顺序对石材进行分类排序。将剩余的碎石按大小分为两组或三组。

每一块石头都有放置它的合适位置。当你对石材进行分类时，你会建立起对石材的记忆，以备后用。在分类过程中，试着寻找具有特定结构特征，如厚度均匀或直角面的石材，从而发现自己偏爱的某种美学属性，这样景观的整体效果或者韵律将达到你想要的效果。

▼改变排水的形式可能会对植物造成影响

施工要点

固定石材

做石材造型之前务必固定好它们。比较小的石材可以用双腿或者膝盖固定住；大型石材或者需要大量打磨、造型的石材，使用沙堆或者沙袋可能更合适。沙粒可以匹配任何石材的外形，你可以按照想要的角度摆放石材。

在施工时选择石材。在施工时再次评估石材，这次的评估重点是选择石材最合适的一个表面来做基层、顶层、面层或侧面。评估石材表面的平整度以及最恰当的摆放角度，以及石材如何摆放才能和旁边的石块最协调。

以石墙为例，施工时你需要考虑4个建筑面：2个侧面、1个顶面和1个底面。除了石材的表面，你还得考虑载荷的分布以及石材的摆放能否为上一层提供平整的表面。

▲使用植物来充当石材景观的边界，或者在石墙上填土栽种植物

评估空间的形状以寻找最合适的石材。通过练习，你可以有目的地根据要用的石材创造一小块空间。

注意石材的固有特性，同样也要注意石材摆放的技巧。举例来说，如果你的石材原来埋在土中，那么它接触土壤的表面会有明显的颜色变化。如果错选了要展示的表面，那么你可能会错过它最美的表面。

建立节奏。设计师说的节奏是指利用石材大小和种类的变化来有目的地创造一个图案，即使是非必要的。节奏通常很微妙，但是对于景观的整体性和美学表现都至关重要。将节奏作为选择石材的标准之一，有目的地放置它们。即使是熟练的泥瓦匠，有时为了营造某种

了解重力

如果你的石材景观准备长期留存，你一定要了解什么是重力以及它会如何影响你的景观。如果忽视重力的影响，那么直立的构筑物可能用不了几年就会倾斜或者倒塌。

特殊效果也会拆除并重建一段石材景观，目的是创造连续的节奏。

造型技能

寻找合适的石材或形状接近的石材通常是出于工作风格和美学的考虑，不一定是非做不可的。例如，在墙壁和露台上，石头的形状、大小至少将部分决定接缝的大小和自然程度，而两者都是重要的美学元素。

在开始石材造型之前，再次对石材进行评估，关注硬度、纹理、是否存在裂缝等物理特性。所有这些因素都会影响石材的结构完整性及破裂方式。石材造型类似于劈柴或使用刨子刨木料。颗粒和缺陷决定了施工的角度、力度和要去除的程度。

与石材协作。处理颗粒和裂缝，每次使石材碎裂一点。要找到细微的裂缝，需先将石材弄湿并使其干燥。裂缝处将比其余部分保持更长的润湿时间。熟悉石材对锤子和凿子施加的冲击力如何做出反应，将有助于你调整去除的程度和锤击的力量。工作时也要注意听声音的变化，如果你能提前注意到一块石头没有在预想的地方破碎，这意味着你将节省一块石头。

石材的方向

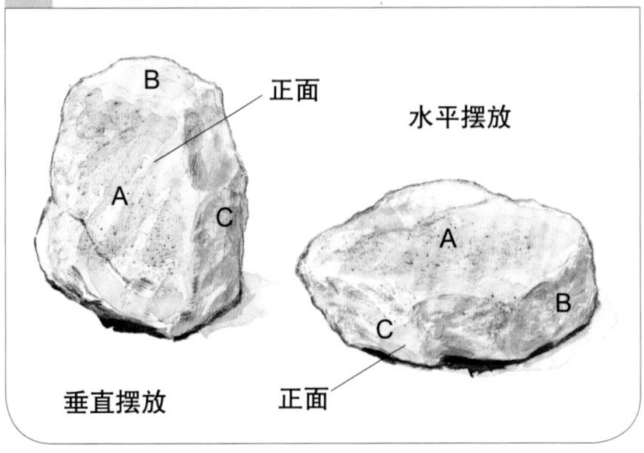

石材的选择

完成一段石墙的 4 种造型选择。

切割工具。可以用凿子、锤子、圆锯或气动工具来切割修整或半修整的板岩、步道石和砌墙的石材，当然也可以用楔子劈开它们，就像千年以来的做法一样。用不同方法切割开的石材的表面形态是不同的，你可以根据自己的喜好选择方法。

有时你需要打碎大块的石材来制作碎石，用于填充类似于独立式石墙里面的空隙的缝隙。如果不考虑碎片形状，选择你能抡得动的最大锤子打碎一块大石头，切记在操作时要戴上护目镜。

小提示

工作的顺序

在最不显眼的地方开始施工，这样到了最显眼的地方时，你已经能熟练掌握各种技术了。

经验是有价值的。掌握石材的可用性和局限性是很有挑战性的。强大的辨识力可以帮助你更轻松地掌握如何使用石材。当然，只要反复练习，任何人都可以熟练地掌握选择和摆放石材的技巧。耐心、勤于观察，以及对出色的石材景观的赞赏，使这项工作变得更令人愉悦。

修整后的石材

很多采石场都会提前处理石材表面，这样你在使用石材的时候就可以免去很多烦恼。这种修整后的石材比较贵，并且相对那些在自然界中找到的、爆破得到的及采石场直接产出的粗石材少了些自然的特色。然而，使用修整后的石材为项目节省的时间也是非常可观的。

▲规划露台和步道项目时应考虑如何减少石材的切割量

◄正式开始施工前，先练习使用那些你不太熟悉的工具

►现在的石材切割工人一般用气动工具来进行石材切割和造型工作

▲咨询景观设计师或者园艺工人，以明确你的项目将会给周边的植被带来怎样的影响

石材工作的安全提示

√穿上铁头工作靴，特别是在处理大型石材的时候。
√切割石材时戴好一次性口罩和护目镜。
√凿石或使用电动工具时戴上护目镜。
√用布条缠绕比较大的孔洞和石材锋利的边缘，然后用彩带或色彩鲜艳的布条标记它们。
√如果使用混凝土，须穿着橡胶靴、防护服，使用手套和护目镜。
√使用工具袋装携带的工具，尤其是凿子。
√确保凿子锋利。
√了解工具的使用范围，规范使用工具。
√开始施工前，先练习使用不熟悉的工具。
√了解自己的体能极限，借助撬杠、绞车等移动大石头。

砌筑的技术和技巧

√ 砂浆会刺激皮肤，操作时须戴上手套，如果砂浆沾到皮肤上，须立即洗掉。

√ 砂浆干得很快，宜小批量处理，每次准备 1 个小时内可以用完的量即可。遮蔽直射砂浆的阳光，尤其是在中午，如果天气炎热或风大，用塑料布将其覆盖。

√ 先在能放 2 ~ 4 块石头的空间工作，随着技能的提高而逐渐扩大工作区的空间。

√ 用防水布或硬纸板来保持地基清洁。如果需要站在刚铺设的石头上，使用胶合板来分散载荷。

√ 缓慢固化很重要。通过洒水并用塑料覆盖来保持已完成的作品潮湿，这样的养护期大概需要 7 天。

√ 在砂浆变硬之前，使用海绵和清水将溅落在石头表面的砂浆清洁干净。

√ 砂浆会弄脏某些石材。通过询问供应商，或自己测试来检验石材是否容易染色。

▼砂浆砌筑石材景观在干燥、温暖的环境中的造价相对较低，所以也比较流行

砌筑石材景观

虽然砂浆砌筑石材景观的花费是同类干砌石材景观的2倍，但是有些时候，出于安全和美学的考虑，砂浆砌筑是更合适的工艺。避免使用砂浆来充当石材之间的基层，或者用砂浆对抗重力。

对于家居装饰和景观工程，在气候干燥、温暖的环境中，砂浆砌筑石材景观的造价更低，因此也更流行。但是费用之外的因素同样重要。即使是在没有霜冻的气候条件下，变化的气候也能使砌筑砂浆开裂。在环境的影响下，砌筑砂浆会比石材更快被腐蚀。最终，为了保持美观或者完整性，景观会被翻新。砌筑石材作品需要额外的排水处理，因为水不能像流过干砌石材景观那样轻易流过砂浆砌筑石材景观。

制作砂浆

使用轮式搅拌机、泥瓦匠搅拌箱或胶合板来搅拌砂浆。将1份波特兰水泥与3份砂浆混合，用铲子把它们搅拌均匀后堆成一堆，中间留一个凹陷。将水倒入中间的凹陷，从中间开始逐步向四周混合。用水量随着天气条件和沙子中水分含量的变化而变化。测量单位用水量，以确定每批次需要多少水。

砂浆既需要足够坚硬以支撑石头，也需要足够湿润以易于铺展。根据下面的状况来判断砂浆是否符合使用标准：

■如果水从砂浆的角落流出，说明砂浆太湿了；

■在胶合板上固定一块石材，如果石材不能稳定摆放在1英尺（2.5厘米）厚的砂浆上，说明砂浆太湿了；

■抓一把砂浆到手里，如果能被捏成团且不易散开，说明砂浆的干湿程度是合适的。

▲砂浆干燥得很快，所以每次只需混合1个小时内的用量

▼砂浆砌筑的石墙、步道和露台看起来比干砌的更规整

石材景观的使用

虽然石材景观几乎不需要或仅需要极少的维护，但为了更好地使用它们，仍有一些事项需要注意。

为安全起见，须冲洗或清扫步道表面以清除杂草和污垢，尤其是陡峭的道路。

石材景观中的小土堆是种植小型地面覆盖植物或装饰植物的理想选择，但也是风吹来的杂草种子的理想生长地。如果你不能立即在小土堆上种植植物，先用塑料布覆盖它们，直到准备种植为止。一旦植物顺利生长，杂草种子就很难扎根生长了。

苔藓在阴暗潮湿的环境中更容易生长，但也有例外。如果你希望苔藓在石材景观上生长，寻找在类似环境中易于生长的苔藓。

苔藓奶昔。可以试着用苔藓奶昔这个园艺小技巧来移植苔藓。把苔藓和泥土混合均匀，加入等量的水和酪乳后一直搅拌，直到混合物达到奶油汤的稠度为止（如有必要，可以添加更多的水）。将混合物撒在想要种植苔藓的地方，并保持潮湿，直到长出苔藓。

石材的移动

石材中的一部分发生移动是不可避免的现象。正常的沉降或者小意外都会造成这种移动。

干砌石材景观比砂浆砌筑景观更容易翻新。反复出现不明原因的移动是基础不够牢固、回填不够充分、排水不够顺畅的明确信号。

◄在铺路石之间种植苔藓是一个既吸引人又省钱的形式

小提示

去除苔藓

并不是所有人都喜欢苔藓。如果想去除石材景观上的苔藓，将稀释的过氧化氢溶液［1/2 杯 3%的过氧化氢加入 1 加仑（3.8 升）的水］喷洒到所有石材表面，直到石材完全浸湿为止。根据需要重新喷洒溶液，以使石材表面保持 2 分钟的湿润。如有必要，冲洗石材以清除残留的溶液。

保护植被

植被常因附近石材景观的影响而生长状况差。制作石材景观不仅需要挖掘土壤，还会造成周边土壤的局部受力。施工时，周边植被的根系很可能会受损。

植物 90% 的根系集中在 1 英尺（30 厘米）深的表层土壤中——最容易被石材景观影响的那层土壤。尽管关于植物的主要根系的位置相对于树干的位置存在一些争议，但园艺师一致认为，压住或切断植物的根系会引发植物暂缓生长或逐渐衰亡。

小提示

备用石材

如果你使用的石材较罕见，则应储备少量各种尺寸的石材。一旦发生事故，它们可以用作备用石材。

▼很多石材景观，如下图这种干砌露台，施工时几乎不需要什么特殊的工具

临时移栽

为所有在移栽过程中可能被损坏的植物创建一个临时的支撑。你可以安全地移动许多植物，甚至一些成熟的树木。但是在开始移动前，先做好功课。影响植物在移栽后的生存能力的因素包括土壤类型、植物种类、移栽的季节、植物的生长状况、移栽时间、植物的获取途径，以及你在暂养区和永久移栽后为植物提供养护的水平。对于大型植物来说，移栽的成本也是一个重要考虑因素。在适当的条件下，移动 80 英尺（25 米）高的树并不难，但要花费数千美元。

咨询园丁、树木栽培专家或种植者，请他们来评估植物在移栽后能否存活，因为他们了解要移栽的植物，并具有移栽成熟植物的经验。

移栽植物的培育。如果照顾得当，许多植物可以在临时地点生存数年。不管采用哪种安置方式，都应确保植物远离风，并暴露于与以前相似或比以前更少的阳光下。移栽的植物将比平时需要更多的水，特别是当它们没有被移栽到土中或只进行了部分移栽。一些物种，如水分含量高或根系较粗的物种，更适合通过大量修剪来最大限度地减少移栽对植物的影响。请教经验丰富的园丁、树木栽培专家或种植者，确认你对植物采取了很好的保护措施。

植物移栽的技巧

为了提高成活率，最好在傍晚或阴天的时候挖掘植物。挖掘出来之后，将植物保存在临时安置处：

√ 把植物移栽到阴凉处。用粗麻布包住根球后再用厚厚的覆盖物包住根球，以保护植物免受阳光和风的影响，并保持水分。使用树皮、刨花、干草、马粪的混合物或常绿树枝覆盖植物。适度浇水。

√ 部分或完整地把植物移栽到别处。如果是部分移栽植物，用树皮覆盖根球裸露的部分。

√ 植物装盆。找到一个足够大的花盆可能很难，但很多灌木可以被放入水桶或其他大容器中。

◄一段干枯的河床给庭院景观增添了装饰的色彩

▼在休闲风格的景观中，大型石材一般不需要切割或重新做造型

小提示

紧急修剪

一旦不小心弄坏了枝杈，应立即再修剪到枝条的根部。

◀类似图中这样的大型景观可能需要将灌木和乔木移植到别处

保存草皮

为保存草皮以备将来重新种植，可使用方形挖铲将草皮切成整齐的碎块。如果土壤附着在根部，则可以将大块的草皮卷起来，但对于大多数人来说，边长为 18 英寸（45 厘米）的正方形更容易控制。对草皮进行底切时应保留 1.5 英寸（4 厘米）厚的土壤。为了保存草皮，将其放置在至少经轻度翻耕的裸露地面上，稍加施肥并彻底浇水。如果每周的降雨量少于 1 英寸（2.5 厘米），则需持续浇水。

在成熟乔木和灌木旁施工

大型土方挖掘设备会压紧土壤并破坏根系，仅此就足以破坏一部分植物。想要分散重型设备的载荷，需要在使用设备的地方垫上木板。根据现场植物损毁的情况，提供预防或补救措施——给植物浇水、排除多余的水或根据需要施肥。将垫子缠绕在树干周围，以保护树皮免受冲击。

如果挖掘地距离大型植物的边缘不到 10 英尺（3 米），极有可能会切断一些树根。为了减少震动并最大限度地降低伤害，用覆盖物包住裸露根部的末端，在挖掘前后浇上根部刺激液，并补充水分。用稀释的海藻溶液浇灌植物也有助于植物断根的生长。

改变地形

在植物周围添加或去除土壤会影响植物的生长。植物可以承受的地形变化程度取决于植物的总体生长状况和适应性。例如，软枫可

▲原石直接铺在草坪中间，形成了一条穿过花园的曲折小路

以适应地形的急剧变化，而糖枫则不能。咨询专业人士，了解如何让成熟植物在面对任何变化时都能完好存活。

改变天然水文

从土壤中抽水或安装排水装置属于改变天然水文的分布。植物已经适应了原有的水文条件，你所做的更改可能会对植物造成负面影响。观察转移了地下水或降雨径流地区的下坡植物，如果植物表现出枯萎迹象，应及时补充水分。枯萎迹象包括生长速度减慢、叶子的纹理或颜色改变、提前休眠及出现病虫害。

小提示

当个好邻居

留意庭院周围其他的成熟植物。最好对邻居的植物也提供同样的防护措施和后续的照料。有必要的话，让邻居知道你要做的事情，并教会他们如何更好地照顾植物。

5

小径和步道

小径和步道除了指明行走的方向、提供进入和穿过景观的通道的主要功能，还具有其他景观功能。步道可以分割较大的区域，为参观花园提供更多的便利点。在花园中，精心设计的小径可以吸引游客前往特定的目的地。当你在景观的不同区域使用相同的材料修建步道时，小径将提供设计统一性。小径和步道可以将已存在的区域与新的设计元素联系在一起。

设计小径和步道

小径和步道可以定义或创建空间。例如，从车道到房屋的通道可以在步道和房屋侧面之间创建一片种植区域。

小径和步道的表面质感及整体尺寸会影响其实用性，因此在项目的早期就考虑其主要用途非常重要。它是用于从一个地方快速直通到另一个地方，还是供人像在花园中那样缓慢地蜿蜒而行？是否需要容纳婴儿车、学步车或轮椅？是否希望能够沿着小径操纵花园车或独轮车？是否会赤脚在上面行走？问自己类似的问题将有助于你确定哪种石材更合适。

►在前院用步道石铺设的一条小径

▼蜿蜒的干砌石路通向木桥和一座漂亮的凉亭

▲偏僻处的石铺小径，苔藓和草在石头之间生长

补充庭院的功能

步道可以作为围栏、大门、露台、台阶等的功能补充元素。综合考虑场地内所有功能元素将有助于你更好地决定步道或小径的位置、设计方案及用料。通常，小径和步道可以在规模和形式上补充其他的景观功能。

维护。设计步道时充分考虑其耐久性，这样后期维护工作量就比较少。将小径设计得倾斜一点以避免积水。如果小径与倾斜的土床相邻，摆放一些路缘石以防止土壤被冲到小径的石头上。

步道和小径的基础

尽管步道和小径之间没有明确的区别，但总的来说，小径比步道更窄，形式上也不那么正式。2 英尺（60 厘米）宽的步道足以容纳一个人行走，但如果是作为庭院中单向环线的主要路线，则可能需要将步道加宽至 3 英尺（90 厘米）。如果是要容纳两个人并排行走或相向而行，那么步道的最小宽度为 4 英尺（1.2 米），5 英尺（1.5 米）会更理想。主入口至少应有 4 英尺（1.2 米）宽，轮椅要通过的辅道须留足 5 英尺（1.5 米）宽度，穿过花园和次要入口的小径可以窄至 14 英寸（36 厘米）。

不必强求小径或步道有统一的宽度，变化的小径宽度可以增加视觉上的趣味性，也可以为观赏水景、座位、盆栽或雕塑提供空间。

如果使用均匀大小的铺路石建造步道，先布置步道的一部分以确定步道的确切宽度和所需的材料量。这样将最大限度地减少切割铺路石的工作量。

小径和植物。规划小径时也要将附近的植物纳入规划范围，以最大限度地减少维护工作并防止路径被附近的植物覆盖。总之，要么选用体态紧凑的植物，要么为小径留足空间，以确保当植物成熟时小径仍有所需的宽度。

▲吸引人的鹅卵石小径路缘和砖铺路面的结合体，同时还是种植区的边界

路缘石方案

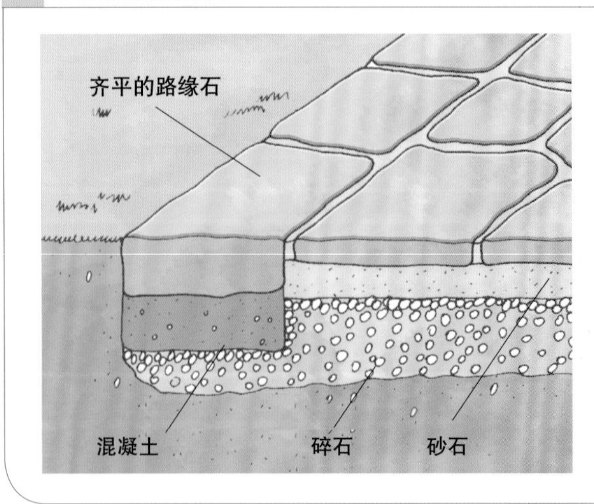

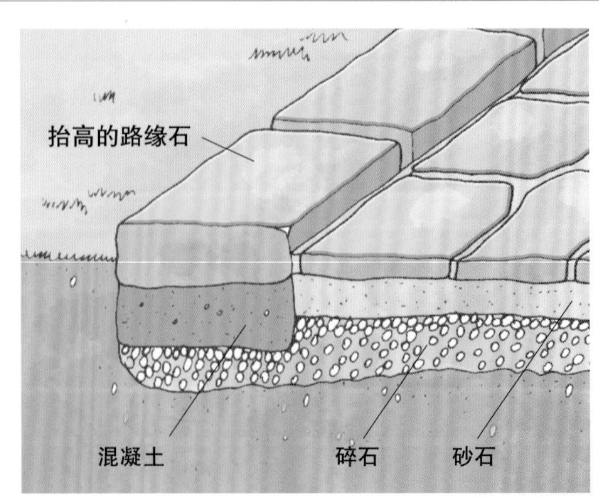

路缘石

路缘石既可以是装饰性的也可以是功能性的，通常是两者兼而有之。

在许多石材小径项目中路缘石是可选因素。

使用路缘石的时候，将其沿着步道的侧面放置以明确步道边界，并限制松散的步道材料（如水洗石或碎石）的范围。许多景观设计师和房主都使用路缘石将石材景观及其下面的底沙固定在适当的位置。

如果经常有车辆压过步道，步道的路缘石将逐渐出现移位，因此，在穿过或者连接车行道的位置要使用坚固的路缘石，如混凝土路缘石或 6×6 英寸（15×15 厘米）木材。

路缘石材料。木材、收集的石料、铺路石和预制混凝土都适合用作路缘石，塑料也可以。关键是如何选择既具有功能性、美观性又可与相邻庭院景观融为一体的路缘石材料。

路缘石颜色。路缘石颜色对于项目的整体外观很重要。用路缘石小样来试试路缘石如何与庭院中的其他元素互补。例如，用作步道面层的材料也可以用作车行道、停车区或步道边上路缘的材料。

施工要点

木制路缘

无论使用木板、木方还是去皮的原木来充当路缘，应选择一种耐腐烂的树种，如雪松、红木或刺槐。请勿在可食用植物附近使用经过处理的木材，如可再生的铁路枕木或经过处理的电线杆木材。

路缘石高度。路缘石与步道石既可以有高低差或者一样高，也可以将路缘石埋入土中。每种形式都有其优点。确定路缘石高度要考虑的因素一般包括美观性、与步道相邻的景观是否匹配，以及步道区域的地形。

较高的路缘石有助于确定邻近植物的边界，并防止土壤被冲到步道上，也可以用作松散的砾石或水洗石步道的路缘。齐平和凹陷的路缘石则容易让水漫过步道。连续的塑料路缘很受欢迎，因为它可以最大限度地避免草长到步道上。查看制造商提供的说明书，然后在步道高度之上、之下或齐平处安装塑料路缘。

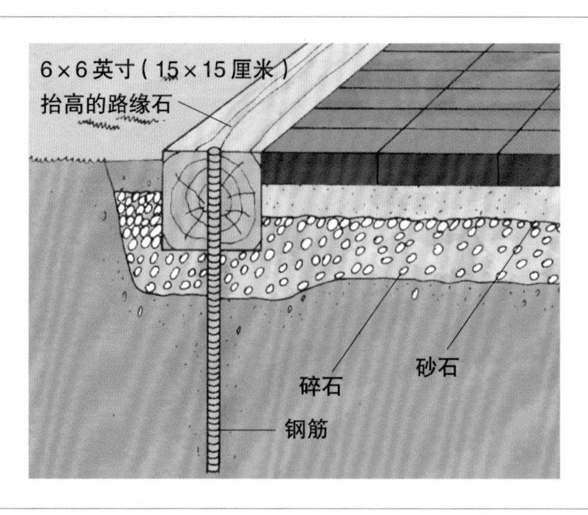

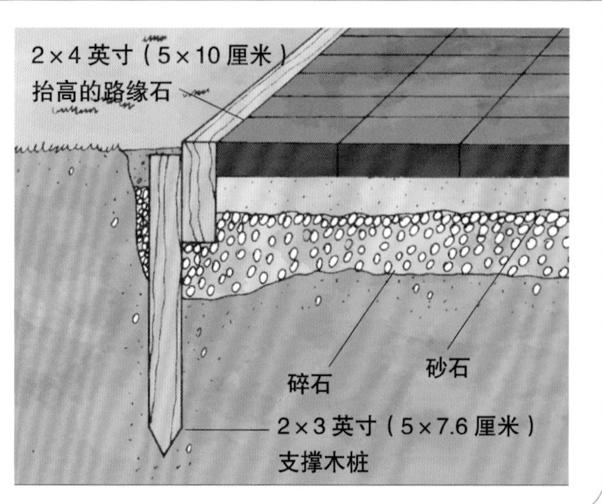

这是一个引领人注目的路缘石组合，也为种植创造了一个边界

基层排水

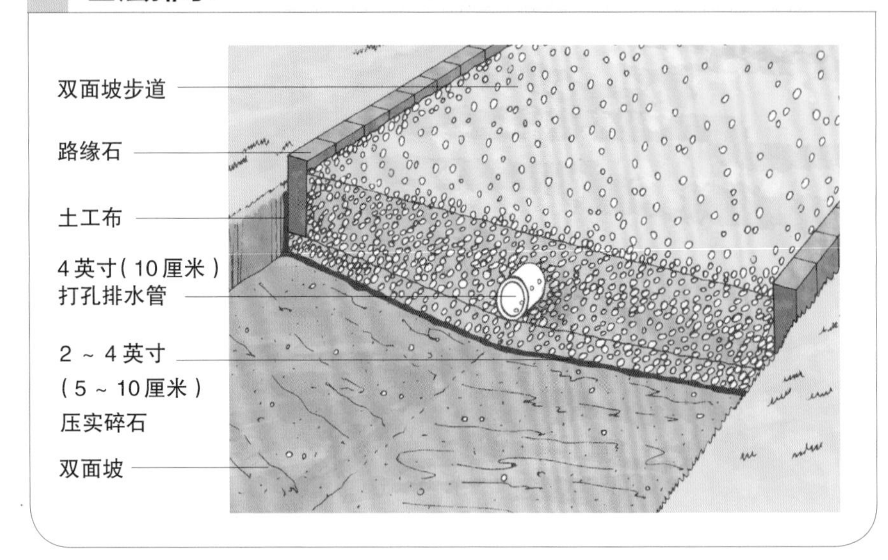

► 由奇形怪状的石块铺成的石板路赋予入口步道一种悠闲的感觉

步道坡度

如果坡度在10英尺（3米）的范围内小于1英尺（0.3米），那么你可以沿着地面的自然坡度步行而上。如果不是，那么你可能会想更改坡度，从而在小径上行走得更加舒适。你可以通过添加一个或多个弯道来延长步行时间（即增加步道距离），也可以根据需要添加台阶以使坡的长、高比大于或等于10 ∶ 1。你既可以沿着步行的路线一次添加一个或多个台阶，也可以在最合适的位置构造一个台阶。

▼图中的小桥是各种石材和木板的结合体

碎石路段和步道必须同等平整，否则雨水以及日常使用将逐渐使碎石下陷。

排水。对于没有坡度的平道，排水通常不成问题。但是如果土壤是潮湿的，则需要在砾石基层中安装带孔的排水管以提升排水性能。

你可能还需要在低处建造泄水孔来避免积水。如果步道的建造材料是松散的碎石或骨料，这个问题可能会更加严重。

尽量避免在斜坡上建造步道，否则步道就像一座堤坝，会对场地的自然排水产生显著的不利影响。如果不得不在斜坡上建造步道，那么每隔4 ~ 6英尺（1.2 ~ 2.0米）在步道下面安装2英寸（5厘米）粗的排水管。

如果步道与建筑物、石墙或其他庭院元素紧临，则使步道以1 ∶ 100的比例倾斜离开建筑物。如果步道宽4英尺（1.2米），则步道外侧边缘应比靠墙的边缘低半英寸(13毫米)。

双面坡步道。由摊铺机或砖块铺成的步道通常是双面坡度的，或者说步道的中心高于两侧。步道的横向坡度一般是1 ~ 100，例如，

4英尺(1.2米)宽的步道的中心会比两侧高0.25英尺（7.6毫米）。石板步道通常采用1 ： 100的横坡来排水。

踏步石小路

踏步石小路是最容易建造的石材景观项目之一。踏步石通常放置在草坪、树皮或砾石之上，还可以用在池塘中供欣赏或作为景观路网的一部分。踏步石小路通常是休闲景观的不错选择，但也可以作为穿过较规整庭院的低利用率或低维护性的小路。

石材的选择

几乎所有类型的石材都可以用于踏步石小路。尽管通常用间隔开的单块石材砌成小路，但也可以使用有图案的石材来代替大块单个石材。避免使用抛光的石材，因为它们的表面潮湿时会变得非常滑。使用修整过后厚度均匀的石材可以加快铺设小路。

小路的布局

步道石可以沿直线放置，也可以有意错开。你也可以铺一条比一块石头更宽的小路。

在挖掘之前，需要先计算出石材的间距。各石材的中心间隔 15 英寸（38 厘米）是不错的选择，这个距离适合大多数人的悠闲步伐。想要测试小路走起来是否舒适，可以在将要放置石材的区域行走，并标记每步脚心着地的位置，并以此为参考放置石材。可以在小路的一段使用踏步石，如用在跨越湿地的位置。在这一段，石材的间距可以适当加大，因为走在踏步石上的时候，人会本能地改变自己的步伐。

开挖。每块石材的开挖深度取决于石块的厚度以及石材顶部相对于周围环境的预计高度。对于放置在草坪上的石材，可将石材放到足够低的地方以方便修剪草坪。在树皮或其他地面覆盖物中，石材略高于地平面更加合适。

在黏性的土壤中，开挖 2 ~ 4 英寸（5 ~ 10 厘米）后用碎石回填，然后再固定石材。把多余的草皮切割下来，然后恢复其余的草皮。

如果石材的厚度不均匀，按照石材最厚的部分来进行开挖工作。用沙子回填以支撑石材比较薄的部分。

树皮中的石材。考虑到总体的设计目标，你可能需要整体挖掘小路经过的整个区域，而不是针对每个踏步石单独开挖。如果在树皮、砾石等地表覆盖物中建造步道，可能需要考虑开挖整个区域。不论用什么方法，在开始放置石材之前，务必检查开挖地面的平整度。

放置石材

将石材置于挖掘好的坑中之后，站在上面摇晃一下，以确保石材已经安放稳妥。厚度不均匀的石材通常需要用砂石回填以确保安放平稳。接下来，使用水平仪或直尺检查石材的表面相对周围坡度的高度是否合适。对每块新放置的石材重复这个步骤。

◄图中的路缘石既能保持小径的悠闲属性，又能保持较小石材的位置

▲这种小路把人引向一个神秘的世界

回填。对于放置在草坪上的石材，可以用泥土和草皮来进行部分回填，或者利用土壤和播种草籽进行完全回填，以使草皮能够恢复平整。如果要在草坪上种植植物，则可能要使用园艺土壤进行回填。如果用砾石或树皮覆盖该区域，那么任何类型的回填土壤都是非必要的。

砾石小径和步道

砾石步道有时也称作软步道，铺设简单且相对便宜。砾石步道由于可以铺成任何形状，因此是蜿蜒的花园小径的理想步道。行走在砾石步道上将不会遇到石材发生移动的麻烦。砾石排水良好且干燥迅速，因此是铺设花园小径的理想选择。用花园软管就足以冲洗干净砾石路面的污垢。

砾石步道存在一些缺点：在频繁使用的区域，碎石会被推挤，因此需要不时铺平进行维护；相比硬化的路面，在砾石步道上推独轮车、操纵轮椅，或在松散的砾石上使用助行器行走将更费力，而赤脚行走又会很难受。因此，决定建造砾石步道之前应考虑这些缺点。

石材的类型

铺设步道用的石材通常按质地分为光滑的和粗糙的石材。与光滑的石材相比，粗糙的石材排列得更紧凑。两者都有许多颜色和尺寸供选择。第 91 页所示的碎石路使用了沿湖岸排列的光滑砂砾石，并且所用的材料质地统一，从而很好地将园林区域与自然环境联系在一起。

尽管市售的轻集料的尺寸范围为 1/4 ~ 3 英寸（0.6 ~ 8 厘米），而摊铺步道的最佳尺寸为 0.75 ~ 1.5 英寸（2 ~ 4 厘米）。但这些中等大小的石头比鹅卵石更容易留在原位，压实性也更好，并且走上去比大石头更舒适。

砾石步道的施工

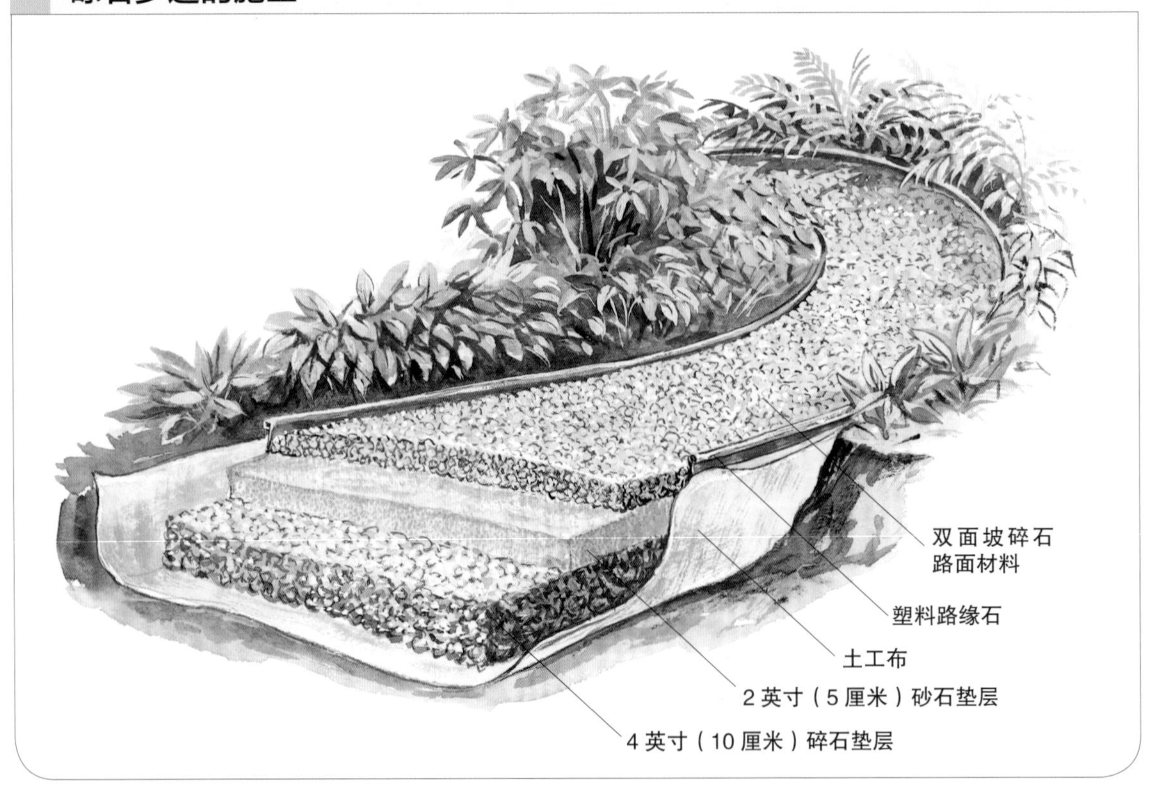

砾石和碎石通常以筛选至统一尺寸或未经筛选的方式出售。在园艺中心可以成袋少量购买，大量购买则需要去采石场。

鹅卵石。鹅卵石又称溪流石，在石材市场不能保证可以买到，但是园艺中心通常都会提供，并且依据尺寸和颜色被分类。

如果还不确定石材的颜色和尺寸，你可以带一些样品回去试一下，也可以去公园或者园林体验各种各样的石材。

▲鹅卵石和形状不规则的板岩在这条通往后院露台的小径上搭配使用，给人一种非常悠闲的感觉

铺设步道的路缘石

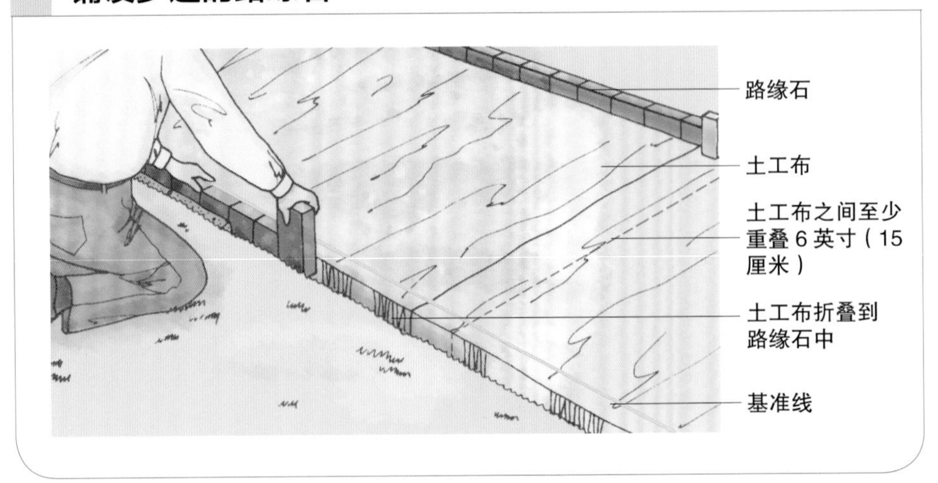

▼用碎石铺设每层 1 英寸（2.5 厘米）厚的路面，为了避免后续碎石出现沉降，在铺设的时候路面要适当压实

►鹅卵石总是会流失，可能需要每隔一段时间就补充一些

铺设碎石路面

排水条件良好的路面仅需要很少的开挖工程量，也不需要碎石垫层，用软质的材料来铺设步道就可以。步道的两侧通常都铺设路缘石，但是它们并不是必需的。然而没有了路缘石，又会出现有些碎石材料会消失在附近的土层中的状况。对于不常使用的步道，这通常不会成为问题，只需要定期添加一些路面材料以便让道路的外观保持最佳状态。

场地开挖。此时需要做的是用木桩和丝线标记步道路线。首先在步道末端放置两个木桩，以指示步道两侧的位置；然后将丝线连接到木桩上，以标记路缘石完成后的高度。通常，路缘石的高度需要高出地面 2 英寸（5 厘米）。丝线不一定是水平的，如果地面有坡度，那么丝线也应该是有坡度的。如果步道通向房屋入口，要确保步道的方向垂直于建筑物立面。

沟槽。用平铲挖一道狭窄的沟槽来放置路缘石。沟槽需要挖得足够深，确保路缘石顶端刚好碰到标记高度的丝线。用土工布沿着沟槽和步道覆盖。对于弯曲的步道，在开挖的整个宽度上覆盖土工布，而不要仅仅局限在步道的范围。土工布之间至少重叠 6 英寸（15 厘米）。

路缘石。铺设路缘石之前，检查标记高度的丝线，以确保它们处于正确的位置。丝线是确定路缘石位置和高度的主要依据。用木桩支撑木制路缘石。对于弯曲处的路缘石，使用绳索或花园软管来标记一条平滑的曲线。路缘石放置到位之后，在缝隙内填充土壤并压实。最后用橡胶锤敲击路缘石以保证其和砖块放置到位。

摊铺碎石

按照每层 1 英寸（2.5 厘米）的厚度摊铺碎石，然后将其铺展并夯实，直到路面距离路缘石上沿 0.25 ~ 0.75 英寸（0.5 ~ 2 厘米）。步道的表面应平于或高于周围的地面。为改善排水，你可以适当加高步道中间的高度。

施工要点

绘制曲线

可以用两条绳索或花园软管来标记曲线步道的轮廓。先用一条绳索或软管勾勒出步道的一侧，然后用切成适当长度的木棍标记步道的宽度，并像右图中这样按一定间隔放置它们。如果步道的宽度是变化的，则可以使用相同的放置方式和不同长度的木棍来指示步道的宽度。用第二条绳索或软管勾勒出步道的另一侧边缘。可以用沙子或标记喷漆标出挖掘沟槽的轮廓。

▲明确小径的用途将有助于确定其设计风格及选定石材类型

干砌石板步道

干砌石板步道一般都铺设在碎石或者砂石基层上。如果施工得当，仅需要少量的维护。你可以按照下文中的指导建造石板步道，这些指导也适用于铺设砖块、比利时砖块或者混凝土砌块的步道。

设计步道

设计的第一步是明确步道的宽度。如果用到的是一种或者多种尺寸的长方形石材，先试着在平地摆放成不同的形式以查看效果。摆放的时候也要把接缝的空隙考虑进去。

步道的宽度最好由完整的石材拼接形成，不需要进行切割。如果要用的是不规则形状的石材，那么切割将是不可避免的。不过，前期考虑得越细致，施工中的切割就会越少。

规划步道。勾画步道的轮廓线，方法与勾画砾石步道的轮廓线的方法相同。为了利于步道排水，步道需要设置大概 1 ： 100 的横坡。在步道较低一侧的端部钉一根木桩来标记高程。一般，用作标记的木桩要高于地面 1 英寸（2.5 厘米）。

干砌石板步道施工

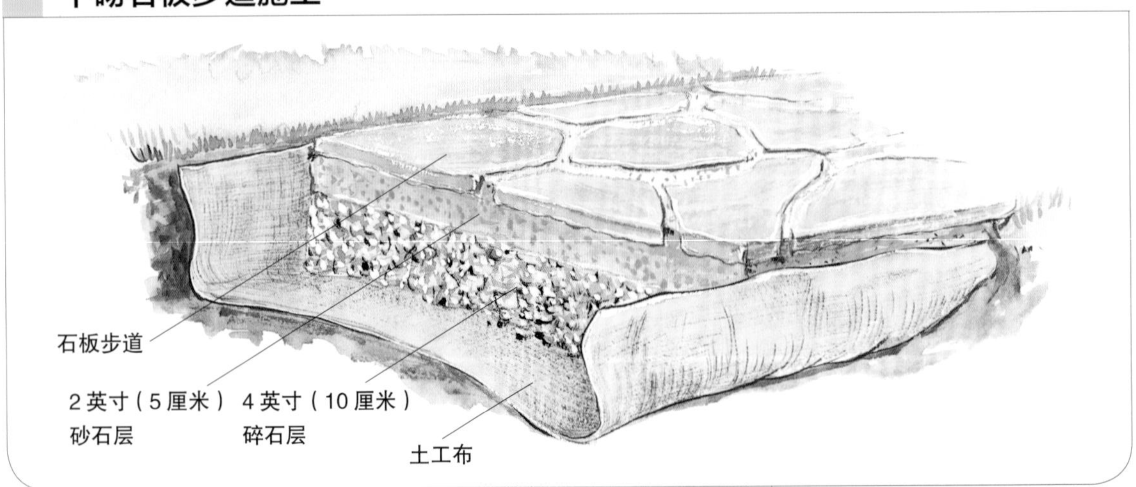

可以用水准尺来确定步道另一侧的高程，并钉木桩作为标记，然后在标记木桩上测量出准确的长度来确定路面的准确横坡。接下来就可以用丝线标示出步道完工后的准确高程了。

标记地面。在地面上通过撒沙土或者喷涂颜色的方法标出步道边缘的轮廓。确保明确标记出定位丝线的位置后，移走丝线以方便实施下一步。之后，还会用到这些丝线。

场地开挖。用镐和铲子挖出步道宽度 1 英尺（30 厘米）的路面，这样就有足够的空间来摆放路缘石了。开挖的深度需要足够布置 4 英寸（10厘米）的砾石（潮湿的场地需要更深）、2 英寸（5 厘米）的砂石垫层，以及面层材料。如果基础土层是碎石或者其他排水非常好的材质，可以减少砾石排水层的厚度，甚至省略排水层。当步道的路缘石也开挖到合适的深度时，可以重新布置标定高程的丝线，以检查开挖深度是否符合需求。场地开挖完成后，用夯实机把土层压实，并且在开挖的表面和侧面铺好土工布。

在砂垫层上摆放石材

在开挖表面散布大约 2 英寸（5 厘米）厚的碎石垫层并压实。用耙子把碎石表面摊平后，再次压实。继续添加碎石，直到碎石表面与模板顶部的丝线齐平。

安装模板。在开挖的端部及每隔两三英尺（60 ~ 90 厘米）布置 2 × 3 英寸（5 × 7.6 厘米）的木桩。确保木桩的位置能放下双层木模板。模板的内表面与标记步道边缘的丝线对齐。模板固定住步道边缘，并作为找平路面的标准。用螺钉将模板固定到木桩上。

如果步道的两侧紧靠植被，并且整体景观设计偏悠闲，路缘石可以摆放得不那么规则。在这种情况下，模板仅仅用来固定砂石垫层。

◄为了防止积水，可使步道呈一定的坡度或为其建造合适的排水系统

铺设砂石垫层。将砂石均匀地铺在压实的砾石上，并用耙子摊开。缓慢洒水以彻底弄湿地面，填充并淋湿所有的凹陷处。重复这个操作过程，堆积沙子，使铺路材料比预期的步道高 0.25 ~ 0.5 英寸（0.5 ~ 1 厘米），以补偿后期沉降。

平整砂石垫层。当地面潮湿时，沿着模板以锯齿形路线拉动带缺口的 1 米 ×6 米压实木板，以使整个砂石垫层保持平整。整平后，再次用细喷雾润湿地面。

铺设路面。从步道端部的一个角沿着路缘石或者丝线开始铺设，将石材按照既定的设计图案和间距放置，注意不要弄乱砂石垫层。不规则石材的接缝空隙会不同，但尽量使它们保持在一个统一的范围内——0.5 ~ 1 英寸（1 ~ 2 厘米）。根据需要修整不规则的石板形状。

如果想在步道上铺设图案，可在模板上标记出图案的位置，并在标记上拉一根丝线来明确图案的具体位置。反复检查步道的平整度，去除任何不符合条件或不稳定的石材，必要时可添加或去除砂石。用橡胶锤将每块石板砸实。如果使用的是小尺寸的石材，先铺设几平方米，然后将一块截面为 1×6 英寸（12.5×15 厘米）的木板铺在这些石材上，并用木锤敲击它。重复这个过程直到所有的石材都铺设就位。

避免直接站在或跪在沙床或新铺设的步道上。站立或跪在铺路石上之前将一块 0.5 英寸（1 厘米）厚的胶合板放在路面上。当然，你也可以提前准备好砂石垫层。

▲用带缺口的 2×6 英寸（5×15 厘米）或 2×4 英寸（5×10 厘米）的木板连同一个更长的木板来一起平整砂石垫层

▼把石板岩摆放到位，并用橡胶锤砸实

▼图中的设计确保了步道仅获得良好地维护就可以长期使用

▲由方形板岩铺设的步道让整栋房子有一种古朴的韵味

填充接缝。用沙子填充接缝，在1平方米的步道上薄薄地铺一层沙子。用扫帚将沙子扫入接缝处。根据需要添加更多沙子以填充所有接缝。将多余的沙子扫成一堆后移走。用水缓慢喷洒步道，将沙子压实并把路表面的沙子冲洗掉。待步道表面干燥后，重复这个过程，直到沙子完全填满所有的接缝并被压实。

移除模板

步道铺设完成后，小心地移除临时模板，并铲走步道外侧或路缘石、土工布后面的碎石。夯实泥土后，可以用几厘米厚的土壤、装饰石材或树皮覆盖地面。

使用一段时间后，接缝可能需要重新填充。如果路面石材隆起或下沉，可将其移走。重新填充砂石垫层并洒水，重新放置石材，重新填充接缝。

水中的踏步石

可以通过建造进入或穿过浅水池塘或溪流的踏步石小径实现最适合景观的路径布局。穿过水面的小径还可以提供在岸上无法获得的有利位置。对于规整的花园，可以使用方形或矩形混凝土板、大尺寸石板或切割石材作为水中的踏步石；而在比较休闲的环境中，则可以使用形状不规则的岩石或石板。无论哪种情况，你都必须决定踏步石如何布置。通常，随机或锯齿形图案比直线形踏步石更富有趣味性。选择足够大的石材且布置的间距足够近，间距一般为 12 ～ 15 英寸（30 ～ 40 厘米），这样走上去比较舒服。

固定石材。在水中固定踏步石有几种方法，具体取决于水的深度、石材的大小及水景底部是否有衬垫材料。至关重要的是要确保踏步石固定好之后能够完全稳定。确保稳定性的关键是将石材放置在压实的地基上。

可以将平底的大石块直接放入水中。如果石块放平后还会摇晃，则需要用混凝土底座来固定石块。

如果水景铺设了柔性衬里或某种表层覆盖物，那么你可能需要采取一些其他的措施来保证既能固定踏步石又不会损坏这些覆盖层或衬里。对于非常大的石材，如果没有很好地压实地基，你可能需要在衬里下安装混凝土基层，还需要在石头和衬垫之间多垫几层衬垫来保护防水材料。

设置支撑。如果水比较深，则需要为每块石材建造一个基础。这种基础用混凝土、砖块或切割石材修造比较容易。一般来说，踏步石需要一个浇筑的混凝土基础来支撑并保持稳定性。确保基础的平面尺寸在各个方向上至少比支撑大 3 英寸（7 厘米）。

安全措施。踏步石的表面要凸出水面足够的高度，这样有利于保持步道表面干燥。潮湿的岩石通常很滑，如果岩石经常是潮湿的，藻类或苔藓会在它们上面生长，使表面更加湿滑。因此，避免在瀑布或喷泉附近放置踏步石。砂岩等多孔岩石比花岗岩等无孔岩石更容易产生苔藓。定期检查台阶上是否有任何光滑的堆积物，如果有则用硬刷子将其去除。定期来回走过踏步石，检查是否会移动或摇晃。一段时间后，你可能偶尔需要重新布置变得不稳定的石材。

踏步石的形式

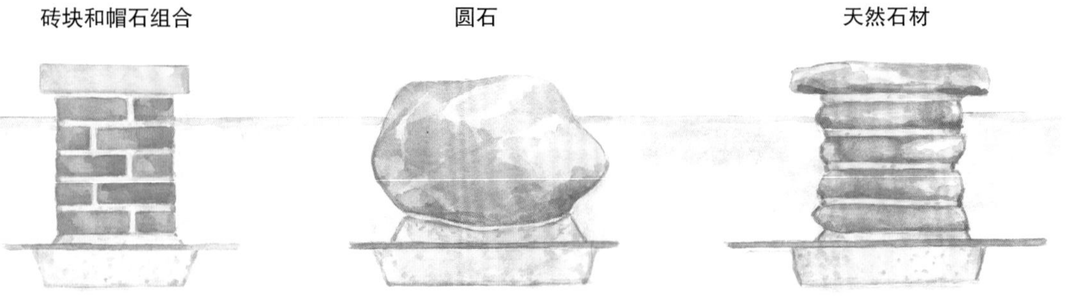

注意：各类型的踏步石都需要牢固的混凝土地基。

► 确保水中的踏步石高出水面以保证步道尽量干燥

6

石材露台

规划露台时，要充分考虑其可能的各种用途，以及对整体景观的影响。利用露台，如何提升景观的整体性或让景观显得更有条理？如何改善户外区域的风格和用途？在设计中这样思考既有利于确保景观项目的完成效果，又有利于项目顺利施工。露台最常用作室外活动空间。精心设计的露台是多用途的活动空间，人们可以在这里玩耍、用餐、放松消遣。

露台的用途

露台既是吸引人的户外活动空间，还能提供其他用途。例如，通过露台你可以上到阳台、下到游泳池，或者走到房屋前院去。从露台的另一侧，你可以通过台阶下到较低处的花园中。露台的位置还有助于串联起整个后院的景观。露台的形状为房屋增添了特色，并有助于将附近的曲线形石墙与景观的其余部分联系起来。

如果你行事谨慎，并且会在仔细处理好每一步的工作后再进行下一步的话，那么建造一个露台对你来说并不是很难的工作。接下来将介绍的露台建造方法的适用范围很广，你既可以建造耐用的硬质露台、用作车道入口和活动的平台，也可以在远离房屋的地方创造一个僻静的场地。

建造干砌露台

无论选择哪种类型的石材、图案、形状或尺寸，干砌露台的建造方法基本相同。但是，厚度不一致的天然石材比大小相同的石材需要花费更多的施工时间，因为需要花时间调整砂石垫层的厚度以适应最厚的石材。有着不规则形状的碎片和复杂设计的露台也比常规的矩形石材露台需要更长的时间建造。

一般来说，专业人士将大约一半的时间花在准备上，其余时间花在固定石材上。如果手工铺设，在没有铲车的情况下搬运砾石、沙子或使用手持夯实机压实砾石，准备时间会更长。

工具的建议。能切割石材的电锯将有助于建造设计复杂的露台，所以你可以租一台。如果你确实要建造一座很复杂的露台，先在图纸上完善细节并准备好各种形状的模板。一次

建造干砌露台

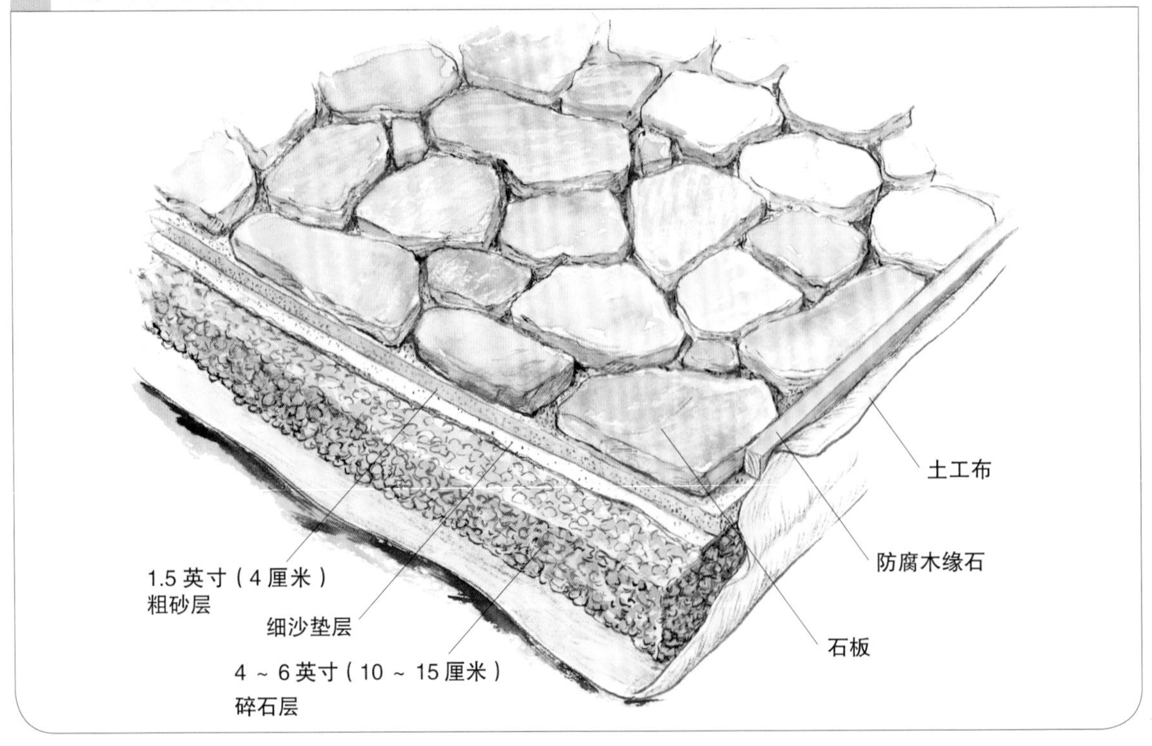

性把各种形状的石材都切割好，每种形状的石材都准备一些备用的。施工时，可以用石材锯片配合圆锯来进行切割，也可以用凿子和锤子进行石材造型，这样石材的边缘就是另一种风格了。

▼尺寸各异的接缝让露台显得更随意，尺寸一致的接缝则让露台整体显得比较规整

▲石材给中庭内的喷泉添加了一层防水表面

施工要点

坡度

在有坡度或不平坦的地面为建造露台或步道做准备时，先手工清除草皮和表层土；对于较大的区域，可使用铲车或推土机，通过挖掘和填充来平整场地。通过添加新土并将其压实，使整个区域达到所需的高度。只填充不开挖的方式并不可取，因为这不是露台的稳定地基。为了使地基稳固，应该填充与场地类似的土壤，以尽量降低地基后期出现移动、滑动和隆起的可能性。

放样。通过用木桩标记边角的位置开始布置露台。如果露台形状是不规则的，那么在地上放一根绳子标记轮廓。使用布局涂料（建筑用品商店有专用的布局涂料）在地面上绘制形状。粉笔、石灰和玉米淀粉也可用于勾勒轮廓，但如果有风，它们不太持久，也不太好用。

▼石材在大多数景观中的效果都很不错，下图中的板岩把庭院内的座位和泳池区域连成了一个整体

建造露台

想要标记矩形露台的四周，可在露台边缘外约 1 英尺（30 厘米）处打入放样用木桩。如果露台的一侧与建筑物相邻，则在建筑物旁边打入两根木桩，以便用丝线准确指示露台的边缘。可以使用泥瓦匠或木匠专用的麻线或其他无弹性的线替代丝线。检查矩形露台是否方正，因为相邻的建筑物不一定是方正的。

如果露台满足不会使任何未来的建筑施工变得复杂的条件，那么将露台与相邻的墙壁对齐。如果建筑物不方正且露台绕过拐角或与内拐角相邻，那么可能需要修改地面图案。

标记地面上的边角，使用铅锤及涂漆或记号三角标出每个边角。要将放样的位置转移到地面，需要在靠近地面的木桩之间拉上丝线。以这些丝线为标准，在地面上绘制或喷涂露台外轮廓。

▼在整个后院的不同区域使用统一的石材设计可以让各个不同的功能区域形成一个整体

确保露台方正

以下为确保边角是直角的方法：找到系在木桩上的一根丝线距离边角 3 英尺（0.9 米）的位置，找到另一根丝线距离边角 4 英尺（1.2 米）的位置。测量这两个位置之间的距离，如果是 5 英尺（1.5 米），那么这个角就是直角；如果不是，调整丝线的角度，直到这个距离是 1.5 米为止。

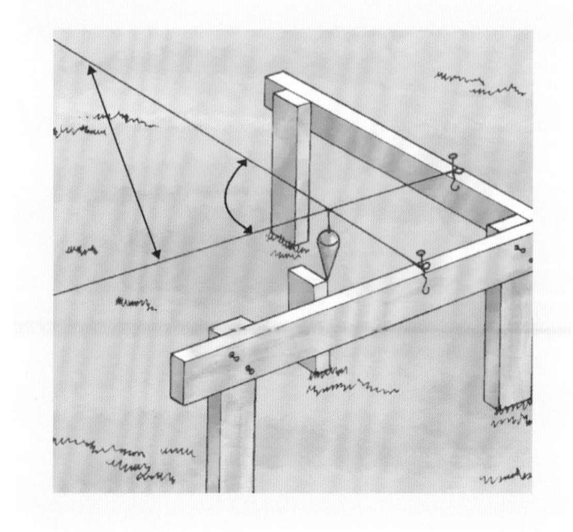

▲通过用丝线来放样露台的外轮廓，可以在设计阶段提前感受露台大致的效果

找平

最简单的找平方法是在边界上设置水平线。可以基于四周的丝线来做水平标记，但是这样可能不太清晰，或许不是一个好的开始。使用 1 英尺 ×2 英尺或更大的木桩。如果露台的形状不规则，将丝线设置在边缘附近。使用手边最准确的找平工具调平丝线。在每个木桩上做一个永久性标记，以指示水平线的位置。反复检查水平线的位置，因为在施工过程中丝线不可避免地会被碰撞和绊到，小动物也可能碰到丝线。

▲调整丝线在木桩上的位置可以标示出不同的坡度

◄在露台内使用几种不同的石材可以形成一种独特的效果

计算坡度

露台必须有至少 1 ∶ 100 的坡度来保证排水通畅。对于圆形或者不规则形状的露台，斜坡可以朝不同的方向。较大尺寸的露台可以向两个方向形成斜坡，否则从一侧到另一侧单方向的高差有点过大了。此外，使斜坡远离建筑和步道。依据露台的大小和形状考虑相邻路面的高度以及排水渠道的位置。总之，要以最合理的方式建造斜坡。

确定斜坡。确定坡度需要调整水平线。例如，如果露台宽 14 英尺（4.3 米），则从一侧到另一侧的坡度至少为 1.75 英寸（4.4 厘米）。根据现有的坡度，可以通过不同的方式确定坡度：可以将水平线在离房屋最近的一侧向上滑动 4.4厘米，也可以在离房子最远的一侧将水平线降低 4.4 厘米，或者通过将水平线从一侧向上移一点并在另一侧下降一点来形成 4.4 厘米的高差 [如将一端升高 1 英寸（2.5 厘米），将另一端降低 0.75 英寸（1.9 厘米）]。为了在施工期间保持坡度，须在与主水平线垂直的方向设置额外的辅助水平线。

▲带有清晰、整洁接缝的砌筑露台让任何景观设计都显得更加规整

▼使用小尺寸石材建造的露台通常需要一个边框来保证铺面材料不会移动

土层开挖

露台的开挖区域包含露台本身及其四周 6 ~ 12 英尺（15 ~ 30 厘米）的范围，与建筑物相邻的一侧除外。移除该区域内的任何植物或草皮。移除的草皮可以在别处补植，或者用来制作肥料。移除表层土壤并保留，以用于后续的填土工程。

使用立杆。在特定的区域准备平整场地时，立杆可以帮助你更准确地估计开挖和回填的工作量，以及露台边缘可能出现的突兀的坡度变化。尽早获得这些信息有助于你更好地在景观规划中考虑场地坡度的变化。

开挖深度。在计算具体的开挖深度之前，先问自己 2 个问题：露台的总厚度是多少？相对周边环境，完成后的露台平面的标高是多少？例如，1.5 英寸（4 厘米）厚的石材加上 2 英寸（5 厘米）厚的砂石垫层，再加上 6 英寸（15 厘米）厚的砾石垫层，总厚度是 9.5 英寸（24 厘米）。你如果想让露台顶部高于四周 1 英寸（2 厘米），那么总的开挖深度就是 24 厘米减去 2 厘米，一共 22 厘米。

使用立杆

大多数露台都靠近房屋入口，所以学习如何制作和使用立杆是非常必要的，主要包括确定门槛和露台地面之间的高差。

为大概 4 英尺（1.2 米）深的新填土场地制作立杆，可以用 5 英尺（1.5 米）长的 1×2 英寸（2.5×5 厘米）木方。把一端加工成方形。从方形这端开始，标出每一层填充物和石材高程的标记。例如，你可能需要 6 英寸（15 厘米）的砾石用于排水，2 英寸（5 厘米）的沙子和石材路面。这些是离房子最近的露台边缘的高程。在露台表面标高上方 1 ~ 3 英寸（2 ~ 8 厘米）处标记立杆，以指示门槛的高程。

要估算挖方和填方的工程量，第一步要清除草皮和表土。将立杆设置在露台离房子最近的位置。在门槛下方的露台顶部放置一把水准尺，在立杆上标记出高度。如果距离超过了水准尺的长度，可以拉一条水平线或木板。可以以此为依据来查看立杆上的标记是否准确。这个位置如果高于立杆上的标记，则提高整个地平面的高程；如果低于标记位置，则继续挖掘。在露台区域内坡度变化的各个位置上重复这个过程。除了现有的坡度变化之外，露台远离房屋的一侧应该相对更低以方便排水，坡度一般不小于 1 ： 100。

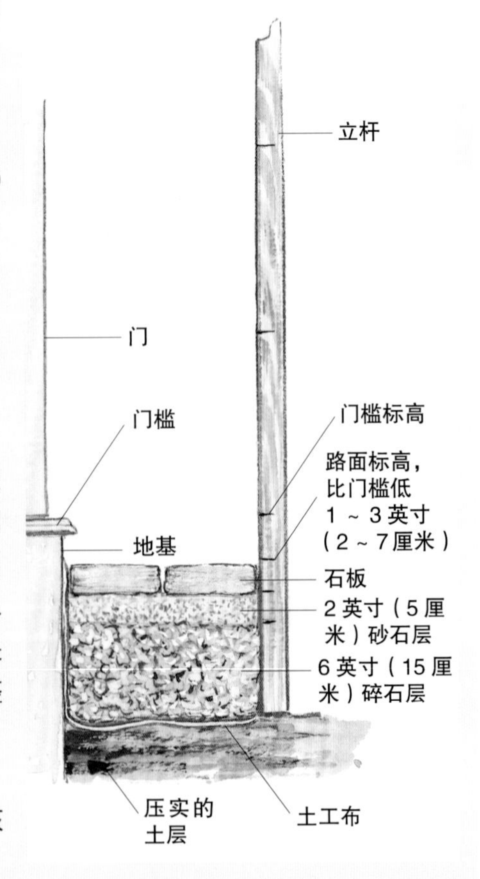

▲如果使用砂浆固定石材或者路面，须在砂浆凝固前将其从石材表面清除

小提示

低温环境下的排水

对于冬季温度可能低于 -10℃的地方，如果土壤是硬质或者没有特殊的保护，砾石排水层可能至少需要 12 英寸（30 厘米）厚。可以请教本地的景观设计师来确定特定场地环境所需要的砾石层厚度。

配合使用倾斜的找平线和立杆以在场地内开挖或回填，使整个区域的底土厚度均匀。

每回填 2 英寸（5 厘米）底土就要夯实一次地基。如果场地面积很大，或者要回填的深度很深，可以考虑租一台夯实机。这样的话，你可以每回填 4 英寸（10 厘米）底土就夯实一次。

在夯实到位的底土上铺一层防止杂草生长的土工布，接缝重叠约 6 英寸（15 厘米）。这种特殊的土工布不仅能抑制杂草生长，更重要的是可以防止底土和砾石混合在一起，否则土壤会堵塞砾石之间的间隙，降低它的排水能力。

▲把两根管子埋入砂粒中，用一根横截面为 2×4 英寸（5×10 厘米）的木方沿着管子滑动以找平砂石垫层

添加砾石垫层

如果你是手工夯实砾石垫层，那么每层的厚度大约为 2 英寸（5 厘米）。如果你使用夯实机，每层的厚度可以达到 4 英寸（10 厘米）。可以使用倾斜的水准线来保证斜坡地基上的砾石垫层厚度一致。

添加砂石垫层

既可以使用搅拌混凝土的粗砂粒，也可以使用混合砂浆的细砂粒来填充砂石垫层。还可以使用混合砂粒。以 4 英尺（1.2 米）为间距在砾石垫层上放置 2 个直径 1.5 ~ 2 英寸

◀使用砖块或石材圈住露台，以固定铺设露台用的砂石和砾石

（4～5厘米）的管子。用一根2×4英寸（5×10厘米）的木方来推这两根管子以保证砂石垫层厚度均匀，同时还要保证其坡度和砾石垫层的一致。

完成一个区域的施工之后把管子移动到另一个区域，并重复上述步骤。用沙子填充管子留下的空隙，并且压实、压平，然后用水准仪或者找平丝线检查整个区域的坡度，添加一些沙子以确保整个平面都达到标高要求。当砂石垫层完工后，用放样涂料或者丝线在砂石垫层上重新标记出露台四周的位置。

小提示

轻松夯实

如果是手工夯实，要充分利用工具以尽量均匀压实。不要过于用力或者扭转夯锤来试图夯实砾石层。

▼图中的露台添加了建筑元素，从而成为整个庭院景观中的焦点

设计提示

仔细规划

如果想在露台的石材之间栽种一些植物，应仔细考虑石材和植物之间的比例关系。很多植被会向外延伸生长并覆盖石材，这样会遮盖一些景观并让植被部分看起来更大。如果想要避免这种情况，你有如下几个选择：不种任何植物，或者在很小的范围内种植植被并选择比较大的石材，或者种某种特定的植物，如非常容易修剪的百里香。

是否使用路缘石

路缘石并非露台的必需元素。路缘石可以是施工过程中的一个指引，可以用作阻止植被肆意生长，还可以是非常好的装饰物。如果仅仅想用路缘石作为施工过程中的指引，可以把它们建造得低于地面，并且用土壤、草皮或者鹅卵石来覆盖它们。路缘石的形式多种多样，还可以将其设置为与露台的表面齐平、略低或者略高于露台表面。但如果可能出现冻土，为了避免路缘石隆起，不使用路缘石是更好的选择。

▼用不同尺寸、形状、颜色的石材铺设露台的面层，可以形成非常有趣的效果

▲石板露台把房屋的外立面和周围的植被有机地整合了起来

选择地面的图案

有图案的露台地面不仅更加美观，还可以引导行走的方向、明确露台的边界、分割露台的各个区域，以及避免路面出现突兀的变化。

试着拼接路面石材，选择最合适的图案以及接缝尺寸。随机拼接路面的接缝尺寸一般介于 0.5 ~ 2 英寸（1 ~ 5 厘米）。既可以把形状一致的石材摆放得尽量紧密，即 1/16 ~ 1/8 英寸（1.5 ~ 3 毫米），也可以摆放得尽量远。可以使用楔块来确保石材间距一致。楔块可以从石材商店购买，也可以自己用木方制作。楔块的宽度等于石材间距，要高于石材厚度 0.5 英寸（1 厘米）以方便移除。

固定石材

固定石材的起始位置取决于露台的形状和地面的图案。一般是在露台的一角或沿着露台一个边开始，但有些设计从中心点开始更合适。

要固定一块石材，应将其放在砂石垫层上并用橡胶锤敲击几次。砂石垫层的均匀支撑对于避免石材碎裂至关重要。石材的尺寸越大，稳妥的支撑就越重要。当你对石材的固定有疑惑时，将其抬起并检查下面沙子中的印痕，在石材没有接触到砂石垫层的地方添加沙子。

固定石材的过程中，使用丝线和水准尺来检查完成情况。如果使用的石材厚度不同，那就需要更频繁地检查地面是否水平。

设计提示

边缘是否规整？

在开始固定石材之前要先明确是否想要规则的露台边缘。你既可以切割石材的边缘以使整个露台的边缘规整，也可以让石材保持原样，这样露台的边缘就是不规则的。不规则的露台边缘更随性，也更易于施工，并且与庭院植被的过渡更自然。

▼建造图中的石材景观需要很大的工作量，但是完成后的效果非常棒

填充接缝

所有路面石材都固定好后，填充它们之间的接缝。沙子和土壤是最常用的填充材料。

填沙。使用细沙填充接缝，最好用有角的而不是圆形的沙子。有角的沙子更容易压实，行人走路对其影响较小。用扫帚将沙子扫入间隙。如果填充较大的接缝，可以使用铲子或水桶，缓慢浇水以压实沙子。根据需要重新填充接缝以补偿沉降和位移。

填土。如果想在石材之间栽种植被，要使用土壤填充接缝。选择含有适当养分且无草籽的混合土，没有杂草、植被可以很快生长起来。

▲用工具把砂浆砌筑的石材接缝清理干净

◄用细沙把地面石材的接缝填满，防止苔藓和青草从接缝处长出来

砌筑露台

很多人喜欢砂浆砌筑的露台，因为它们具有规整的外观，并能完全避免杂草生长。在决定是否要建造砌筑露台前，先要了解砌筑露台的 2 个缺点。首先，砌筑露台的建造成本更高，因为需要混凝土基础。你要么已经有了平板地基，要么让施工队建造一个。或者，你可以以现有的混凝土地面为基础，前提是它是干净并完整的，至少 3 英寸（8 厘米）厚。其次，砌筑露台是刚性的。在决定建造砌筑露台之前须彻底评估可能出现的地面起伏风险。如果地面因为低温冰冻或树根生长而隆起，破损的砌筑露台是很难修复的。

石材的选择

任何类型的石材都可以用来建造砌筑露台，只要其不容易破裂或其边缘不容易破碎。厚度均匀的石材比较容易处理，而且比不规则形状的石材需要的垫层砂浆更少。

在施工时保持地基清洁，并清除石材上的污垢和灰尘是很重要的。干净的表面有助于增强石材和砂浆之间的黏合性。如果使用不规则形状的石板，须在混合砂浆之前进行石板的预拼装。对石材进行切割，这样石材间接缝的宽度会是均匀的。如果地基中有接缝，须谨慎布置石材，以避免露台接缝和地基的接缝重叠。

如果你已在露台上预先排列好了石材，先移走 4 ~ 6 平方英尺（0.5 平方米）区域内的石材。如果使用的石材有空隙，为了避免其从砂浆中吸走水分，在开始施工前彻底将石材弄湿。

建造砌筑露台

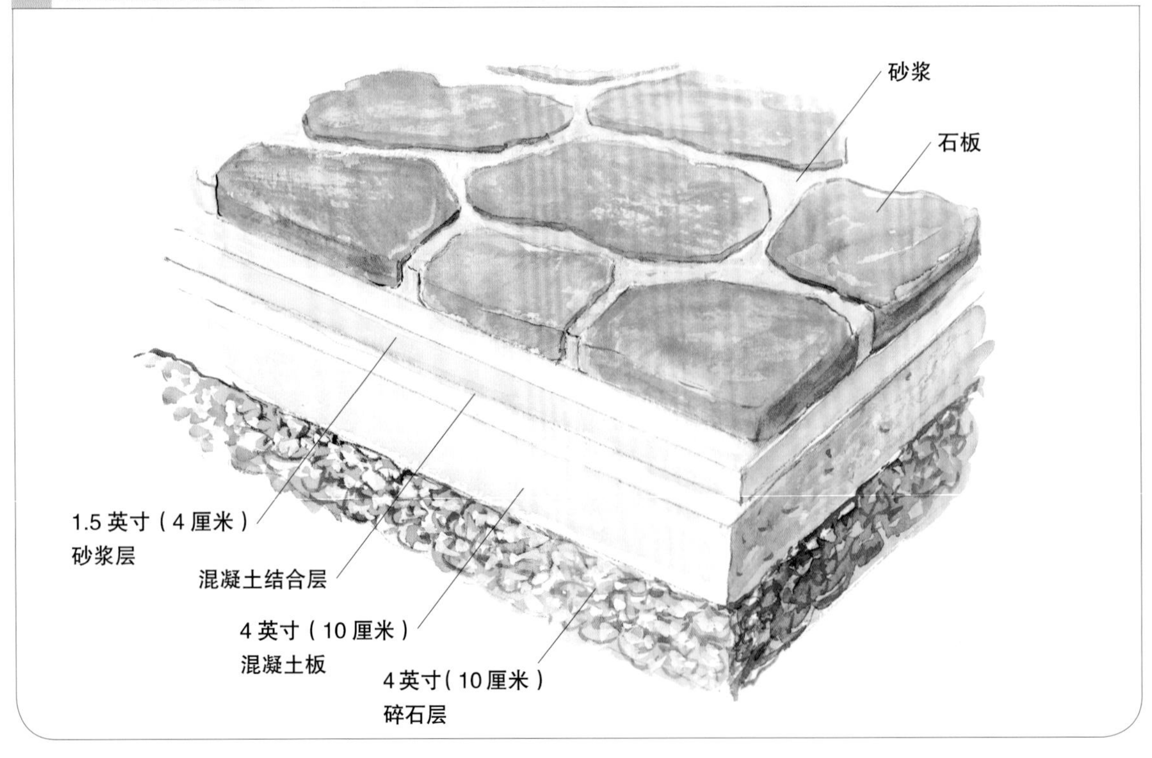

▲露台需要有一定坡度，以便水从靠近房屋一侧向外排出

计算砂浆用量

要计算砌筑砂浆的用量，可以用露台的面积乘以垫层的厚度，然后用得到的结果除以 12，这样就得到了以立方英尺为单位的体积；将体积再除以 27 就得到了以立方码为单位的体积。例如，一个 24 英尺（7.3 米）长、20 英尺（6.1 米）宽、1.5 英寸（3.7 厘米）厚的庭院，其总体积是 720 立方英尺，除以 12 就是 60 立方英尺，再除以 27 就得到 2.2 立方码（1.7 立方米）。

要考虑接缝的砂浆用量，可以按照整个庭院体积的百分比来估算。例如，一个 24 英尺（7.3 米）长、20 英尺（6.1 米）宽的庭院，总面积 480 平方英尺（44.6 平方米）。如果接缝宽度是 1 英寸（2.5 厘米），使用的石材是 2 英尺（0.6 米）见方，那么砂浆的用量大概就是 0.5 乘以 480，或者 40 立方英尺。40 立方英尺乘以 1.5 英寸等于 60，60 除以 12 就是 5 立方英尺，即不到 0.2 立方码（0.17 立方米）。

另一种计算接缝砂浆用量的方式是先施工一小片区域，然后推算整个区域的用量。例如，先施工 4 英尺 ×4 英尺（1.2 米 ×1.2 米）的区域，然后根据整个庭院的面积翻倍来估算砂浆整体用量。

▲用相同风格的石板覆盖露台、墙壁和台阶的外表面

使用黏合剂。在将砂浆摊铺到地基上之前，先根据说明书在地面上喷涂黏合剂。黏合剂可改善地基和垫层砂浆之间的结合效果。黏合得越好，砂浆或石材因低温或地面隆起而松动的可能性就越小。

摊铺砂浆。混合砂浆，然后从边缘或角落开始摊铺砂浆基层。每一次摊铺 4 ～ 6 平方英尺（约 0.5 平方米）的区域，均匀地铺平大约 1.5 英寸（4 厘米）厚度。使用抹刀的边缘在砂浆中做出沟槽。

固定石材。固定石材前先擦掉上面多余的水分。在砂浆基层上放一块石材，然后用橡胶锤敲击几次以确保将其固定到位。检查坡度和高程，通过添加、移除砂浆或使用垫石来达到正确的坡度和标高。完成后的砂浆基层的厚度应不小于 1 英寸（2.5 厘米）。一边固定石材，一边用湿布去除石材表面的砂浆。重复这个过程，直到所有的石材都固定到位。等待 24 小时后再给接缝灌浆。

接缝灌浆。可以购买彩色的成品灌浆，也可以自己制作灌浆，方法是将一份波特兰水泥与两份细沙混合并加水，就像制作垫层砂浆那样。使用边缘抹子、小型抹子或砂浆袋填充接缝。压缩砂浆，并再次填充接缝，使它们与相邻石材的顶部齐平。

加工接缝。当砂浆凝固到可以留下手指的指纹时，就可以对接缝进行加工了。用抹子、大小合适的管子或连接工具将它们压实成型。

清理。灌浆 5 ～ 6 小时后，用干布擦去石材上多余的水泥浆。之后，用湿布将石材擦干净，从石材的中心向接缝处擦拭。不要擦拭接缝。

养护。砂浆的长期强度取决于养护过程。使露台表面保持 3 ～ 5 天的湿润。如果可能的话，这期间在砂浆上洒水，并用一张塑料布盖住露台。

▼优美的露台有机地结合了石材、石板和植被，创造了一小片“城市绿洲”

►露台上的座位可供房主充分欣赏美好的景观

6

石材露台

7

庭院台阶

石材台阶有多种尺寸，具体取决于选择的石材和场地的特征。石材台阶的施工可能非常容易，也可能非常耗时。用单独一块石材制作的台阶是最简单的，也适用于各种类型的庭院。更具挑战性的是在混凝土楼梯上铺设 5 英寸（12 厘米）厚的大型花岗岩踏步石或砂石板岩，这适用于正式的花园和庭院入口。选择最适合你的台阶类型。

台阶设计

很多人为庭院增添台阶仅仅是因为喜欢台阶的效果，而不是真的要使用它们。如果庭院的坡度小于10%，或者每10英尺（3米）的高差低于1英尺（30厘米），台阶并不是必需的。但是，斜坡上一个或多个台阶可以提升景观整体的质感和效果。

在设计上，各种类型的台阶是有一些共性的。

高差和步长

在台阶上行走时，脚站立的地方叫作踏，相邻两层踏之间的高度或者距离就是1个高差。步长（踏的深度）和单位高差之间的比例决定了行走在台阶上是否舒服。一般来说，高差越大，踏步就越浅。户外台阶的最重要规律之一就是一个踏步和两层高差之和的总长度为25 ~ 27英寸（64 ~ 69厘米）。

两层台阶之间的相对高差为5 ~ 7英寸（12 ~ 18厘米），所以步长为15 ~ 17英寸（38 ~ 43厘米）。很多庭院设计师都喜欢设计15英寸（38厘米）步长以及6英寸（15厘米）高差的庭院台阶。

确定高差和步长。在确定台阶的高差和步长之前，需要先计算楼梯的总高度和总长度。总高度是指从第一级台阶底部到最后一级台阶顶部的垂直距离，总长度是指从最低台阶的前面到最高台阶的背面的水平距离。

要确定这些距离，可以在预期台阶顶部的起点处打入一根短桩，在底部台阶的前边缘打入一根高桩。将一根丝线连接在短桩上，拉紧丝线并将它绑到高桩上，使用水准尺以确保丝线是水平的。测量高桩上的丝线绑点与地面的距离，这个距离等于总高度——各个台阶的高差之和。要确定总长度，则测量木桩之间的距离即可。

台阶布局

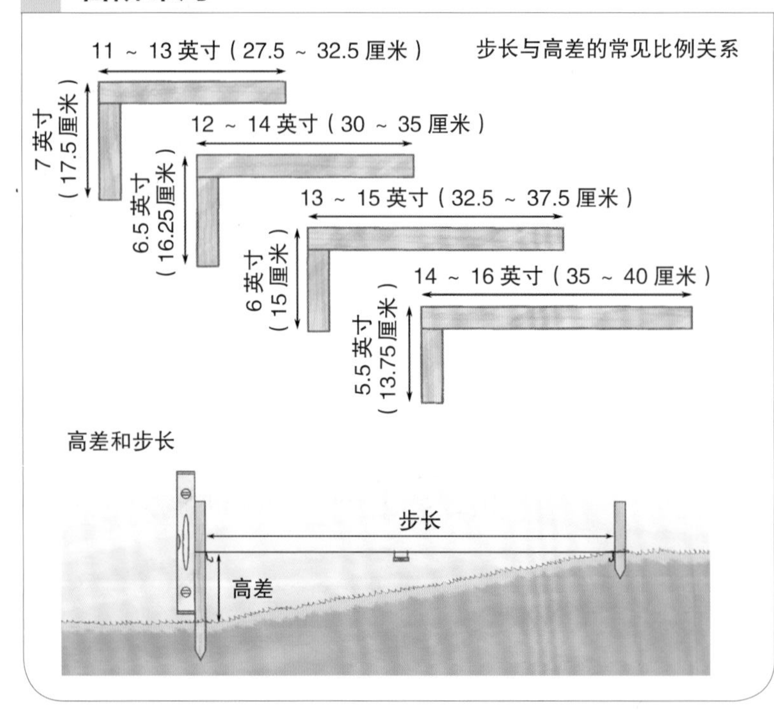

▲每年春天都要检查台阶经过一个冬天后是否有损毁，要特别注意松动的石块

◄台阶上的植被为景观增添了额外的观赏效果

计算每级台阶的高差和步长

明确了总的高差和步长后就可以计算每级台阶的高差和步长了。确定每级台阶的高差，将总高度除以可能的台阶数即可。如果计算结果不在 5 ~ 7 英寸（13 ~ 18 厘米）范围内，你可能需要调整台阶数。例如，如果总高度为 38 英寸（90 厘米），并且你要修建 5 级台阶，那么台阶的高差为 7.6 英寸（18 厘米），但是 6 级台阶的高差为 6.3 英寸（16 厘米），正好在户外台阶高差的合适范围内。

施工提示

改变步长

有多种改变台阶步长的方式：

√在台阶的底部或顶部调整相邻道路的坡度，以保证台阶的级数和总长度是合适的。
√填充土方以增加台阶的级数。
√把台阶修成曲线形以增加总长度。
√调整最下面一级台阶的高度。
√把最上面一级台阶修得更高一些。

▼大型的单块石材放置在坚硬的地面上，为了排水通畅，也可以使用砾石垫层

▲用相同的石材建造台阶和露台让庭院的设计整体性更好

步长。现在，可以根据每级台阶之间的高差来计算步长。可以使用一个踏步和两级高差之和，以总长度为 25 ~ 27 英寸（64 ~ 69 厘米）作为标准，在我们的范例里面，台阶高差的 2 倍就是 12.6。用总长度减去这个数值，就可以得到步长介于 12.4 ~ 14.4 英寸（32 ~ 37 厘米）之间。

现在，用台阶级数乘以步长，所得结果与总长度是否相同？很有可能并不相同。如果最开始选定的台阶高差和步长的尺寸不在理想范围内，那么就需要调整台阶级数直到台阶高差和步长都能让人行走舒适。出于安全考虑，台阶高差保持一致是必要的。如何做调整可以参考上页中“改变步长”的内容。

台阶宽度

除了美观性，还要考虑如何使用这些台阶。如果需要供两个人并排散步，需要至少 5 英尺（1.5 米）宽的台阶，4 英尺（1.2 米）宽对单人行走来说完全足够了。在休闲风格的花园中，宽 16 英寸（40 厘米）的台阶差不多就够了。无论石材的大小如何，台阶的布局和建造方式都基本相同。

台阶与周围环境是否匹配也是确定台阶宽度的一个重要因素。例如，连接大露台的台阶自然要比连接小露台的台阶宽，人流量小的区域的台阶通常比主要入口处的台阶窄。

下文“穿过石墙的台阶”展示了如何在无须处理大型石材的情况下制作宽台阶。许多人喜欢用大石材建造台阶，因为它们具有强烈的设计风格。如果你也对由单个大石材制成的台阶情有独钟，为了将它们移到位，起重设备及其操作员是必需的。你如果想自己移动石材，可以租一台小型起重机。使用 动力不小于 40 马力（29 400 瓦）的拖拉机或铲车来移动中等大小的石材。

◀叠石楼梯完美地平衡了石材的粗糙和设计风格的规整

▲狭窄的花园台阶与休闲风格的英式花园相得益彰

穿过石墙的台阶

像建造挡土墙那样一块一块地铺设台阶是一种无须使用大尺寸石材和起重设备即可建造宽台阶的方法。这种方法通常用于建造穿越石墙的台阶。最上层的台阶可以由一块或多块石材制作而成。使用加工后的石材铺设台阶可以提供更规整的外观，而且均匀的台阶表面更符合规范，尤其是在人流量大的区域。

建造台阶

确定了台阶的尺寸和级数之后，可以根据台阶的坡度开挖或回填场地。这个过程类似于建造阶梯型挡墙的准备过程。与大多数石材建造项目一样，场地的特质与石材本身一样重要。不受干扰、排水良好的地基最适合建造台阶。对于其他类型的地基，需要向下挖4 ~ 12英寸（10 ~ 30厘米），并用利于排水的砾石回填。

第一级台阶。固定台阶石材的基本方法有3种：重叠、对齐和间隔。庭院石材台阶的建造秘诀就是确保第一级台阶稳固。稳固的第一级台阶能给第二级及后面的台阶提供坚实的基础，具体可参考如下的设计指南：

■第一级台阶的立面可以铺在露台或者步道的硬质地面上。

■挖掘场地并固定好石材的基础，可以与地面齐平或者略高于地面。

■移除表层泥土，用砾石、沙子或石子作为替代，然后把第一级台阶固定在上面。砾石垫层的厚度应为4 ~ 6英寸（10 ~ 15厘米），如果地基的排水性能较差，就用更厚的砾石垫层。

■根据台阶的坡度处理两级台阶之间的区域。

台阶的固定方法

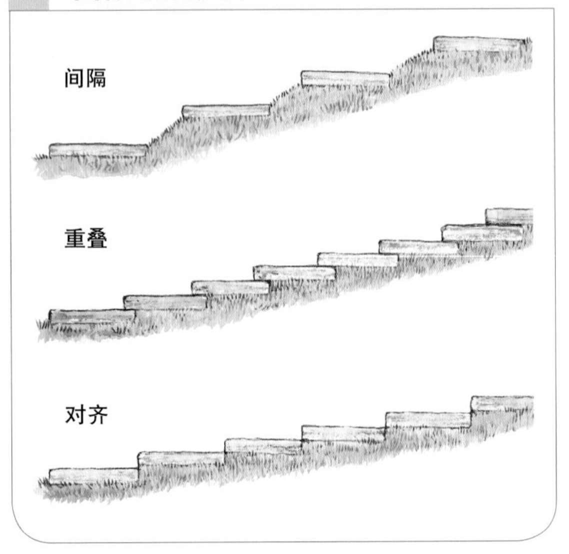

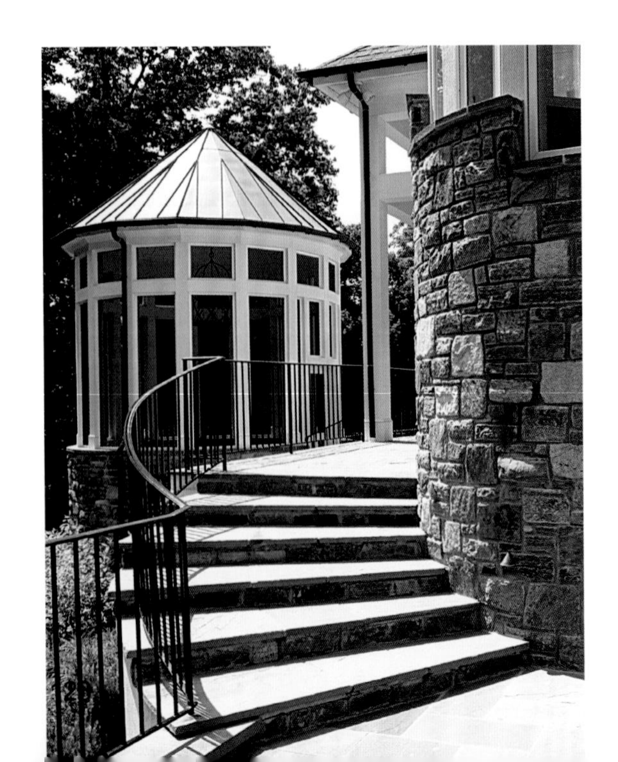

▲修整后的石材制作的台阶为大门入口增添了独特质感和丰富的色彩

◀砌筑的台阶需要用到混凝土砂浆，在计算高差及步长时要考虑砂浆垫层的厚度

▲每级台阶都有很大的空间，这在庭院台阶的设计中也是一个可选方案

建造台阶

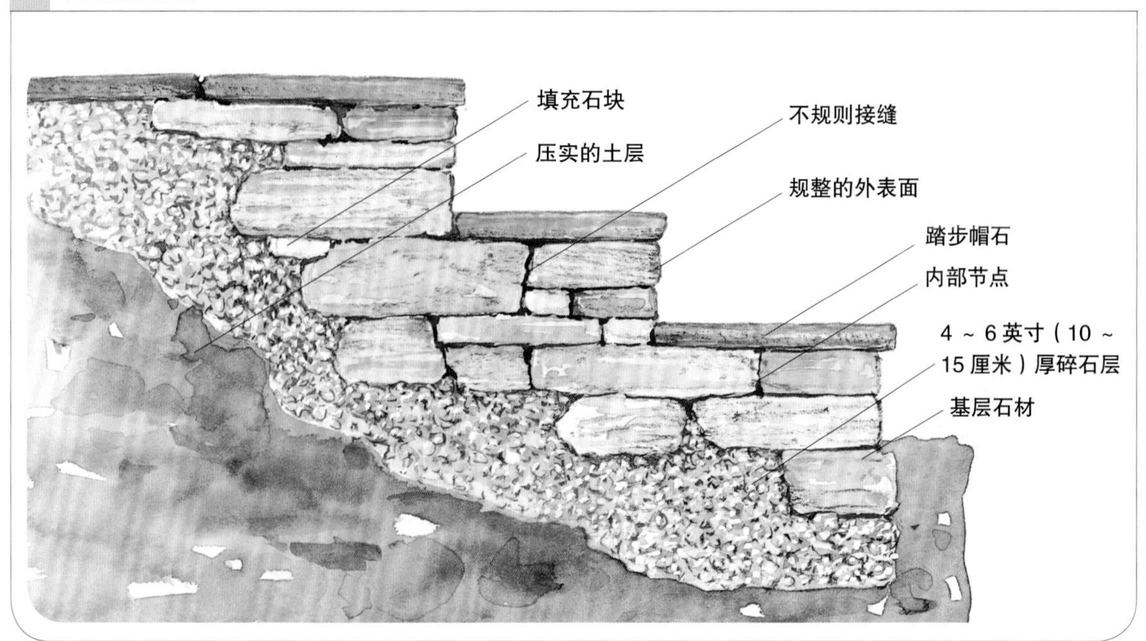

固定其余台阶。第一级台阶固定好之后，用木槌将其余石材牢牢固定在地基上。检查台阶，确保台阶之间保持相同的高差。

下大雨之后要检查台阶，如果走上去感觉台阶晃动，则需要调整。如果冬天温度很低，开春之后也要逐级检查台阶。

小提示

使用天然石材

如果使用未经加工的天然石材做台阶，由于石材的厚度是不一致的，需要调节每级台阶的开挖深度，这样每级台阶的高差就可以保持一致了。

▲在台阶之间增设平台，可以提高行走的舒适度，也提供了一种调节高差和步长的比例关系的方式

◀这些石头台阶并非必不可少，却给这片区域增添了质感和乐趣

砌筑台阶

由石板岩或铺面石砌筑而成的台阶需要混凝土地基。在建造地基之前需要考虑好石材的厚度以计算混凝土地基的高差和长度。在高度计算中还要考虑 1.5 英寸（4 厘米）厚的砂浆垫层。

如果使用的是铺路石，为了使用整块的石材，可以调整台阶的尺寸。如果使用的是大小不一的石板岩，在混合砂浆之前就要对石板岩进行预拼装。

8

石材与水景

自 2000 年以来，石材与水景的结合一直是庭院中的热门景观。很小的一个水塘就可以影响整个庭院景观的效果。当然，对庭院中水景的认识是因人而异的，水孕育生命的属性毋庸置疑，它会影响观赏者对整体景观的看法。虽然气候会对石材与水景的结合有一些影响，但这种广受欢迎的组合可以融入任何景观之中。

▲大型石材既可以确保人工池塘边缘稳固，又可以美化天然的池塘或溪流

水景

小型水景虽然相对便宜且易于建造，但对景观效果的影响同样重大。你可以在庭院的任何地方建造石碗和低流量、重力式的喷泉，以及其他形式的水景。循环供水的景观还为喜水植物提供了适宜的环境，否则这些植物将无法生存。

在家居中心和园艺市场都可以买到水泵套装，所以营造溪流、池塘和瀑布等水景也不是特别困难。有的套装甚至集成了多种形式的景观，如池塘与喷泉或者瀑布与溪流的组合。

►用鹅卵石填充旧石碗可以很快打造出一处庭院景观

石碗

石碗适合放置在任何类型的庭院中，可以在明显的地方摆放，也可以在隐蔽处摆放以营造意外的惊喜，或者作为大型景观的组成部分来摆放。无论是抛光的、粗糙的，还是规则的、不规则的，石碗营造出的光影、深度和反射效果都给人留下深刻的印象。

雕刻一个石碗并不会耗费很长的时间，没必要去买很贵的专门的工具，租一台专业级的设备就可以事半功倍。

如果想要表面抛光的石碗，精密的设备必不可少，你可以考虑自己雕刻石碗，并请石雕师对其进行抛光。

寻找石材

有些石材比其他石材更适合雕刻。明显分层的石材不适合雕刻，因为它太容易裂开破损了。砂岩和石灰岩比大理石之类的变质岩更软，雕刻起来比较省力。材质比较均一的石材更适合雕刻，因为加工过程更容易预估，所以大理石被广泛用于石材雕刻。

天然凹槽。选择有天然凹槽或在爆破中形成凹槽的石材可以减少雕刻石碗的内凹部分所需的时间。如果有带石材专用锯片的圆锯、角磨机和凿子，而且你的臂力可以承受这样的劳动强度，那么用一个下午的时间你就可以雕刻出一个直径 12 英寸（30 厘米）、深 5 英寸（12 厘米）的石碗。

检查石材

检查石材是否有裂缝，如果有，要注意它们与将要雕刻的石碗的相对位置。如果要检查裂缝，先彻底弄湿石材并让其风干，待石材的整个表面干燥后，裂缝将显示为一条湿线。存在裂缝确实会增加加工时石材破裂的风险，但是你可以使用它。为获得最佳效果，可以试着雕凿一小块石材，并估量雕刻力的方向和冲击效果，以最大限度地减少裂缝上的应力。购买石材时，记得咨询哪种石材更不易破裂。

表面没有明显裂缝的石材也可能有一些隐藏的裂缝。雕刻过程中，要经常检查正在雕刻的区域是否有裂缝。细心的工作习惯更有可能制造出一个完整的碗而不是一堆碎石。

►雕刻的水碗是后院花园真正的焦点

凿子和锤子的选择

较软的石材可以使用尖头凿子，而对于坚硬的石材，1 英寸（2.5 厘米）的钝凿或平凿是更合适的选择。如果凿子没有硬质合金刃口，工作时要经常打磨它。如果你不确定石材的硬度和该选用的凿子类型，那么就都试一试。稍加练习后，答案就一目了然了。

2 ~ 2.5 磅（0.91 ~ 1.13 千克）的大锤常用于石碗雕刻。锤子在过去 10 年中有了明显变化，有必要为你的雕刻项目购买一把新锤子。一般来说，任何适用于混凝土的工具都适用于质地较软的石材。

石碗的粗加工

用钉子、铅笔、粉笔或记号笔勾勒出石碗边缘的形状。以大约 45° 角握住凿子，沿着边缘线制作一个 0.25 ~ 0.5 英寸（0.5 ~ 1 厘米）深的凹槽。

切割。使用带石材锯片的圆锯或者用锤子和凿子把石材大概切割成放射形，一道一道地加工，一般每个切口深度不超过 1.5 英寸（4 厘米）。切口间距越小，越容易将石碗的表面弄平；尝试移除的部分越大，越不容易控制。

从碗的边缘开始，将凿子放在其中一个切口中，然后用锤子击打凿子的另一头，以去除多余的石材。

◄石碗里可能会存有积水，要定期为其换水，并用软毛刷清洁石材表面

雕刻石碗（右图）

1. 使用带有石材专用锯片的圆锯或者用锤子和凿子把石材修整成放射形。

2. 用凿子和锤子移除小块的石材。可以一点一点去除，以保持完整性。

3. 选择石碗的表面形式——粗糙的或光滑的。

1

先绕着碗的边缘雕刻，然后逐渐向碗的底部推进。将所有石材雕凿至切割深度后，再次将要雕刻的区域切割成放射形，并凿出多余部分。重复以上步骤，直到碗大致达到想要的深度和形状。

2

修整石碗

完成石碗的粗加工后，继续将石材分割成小块，然后打磨其表面，直到需要决定石碗的表面要多光滑、石碗的边缘是什么样子为止。本页图中石碗的锐利边缘就是粗加工后的效果。你可以使用凿子和锤子继续将其打磨至不同程度的圆角。从粗糙到高度抛光有多种方式可以对碗的表面进行加工。你手头上的工具和石材的类型共同决定了你将如何修整石碗。

如果想要更平滑、更少棱角的表面，可使用角磨机配合低粒度砂轮来打磨石材表面（对于大型景观，可以考虑租一台重型专业级研磨机）。研磨软石时可以加一些水，以控制石材粉末的产生，当然不加水也可以。

3

小提示

在潮湿环境下工作

如果在湿石材上使用电动角磨机，须将机器电源插头插入带有接地故障电流漏电保护器 (GFCI) 的插座。所有室外插座都需要配备 GFCI，发生短路时，这类插座可以自动断电。如果工作区没有合适的插座，可以购买用于常规电源插座的适配器。

石碗的维护

石碗里的水是静止的，所以需要不时地更换。如果碗上长出苔藓或地衣，可以用刷子清除（软质石材须使用软毛刷），没必要用肥皂。

冬季的气温低，在秋季结束前就应排空石碗中的水，以降低石材因冰冻而破裂的风险。将碗扣过来，用防水布或木板盖住碗，这样可以防雨雪。

建造喷泉

石材喷泉有各种尺寸，可以是餐盘大小的碗状喷泉，也可以是直径为 4 英尺（1.2 米）或更大的、完全可以充当庭院主要景观的喷泉。喷泉可以建在草坪、花坛、露台或庭院中。几个世纪以来，在休息区建造喷泉一直非常流行。如果气候炎热干燥，在房屋入口附近建造一座喷泉也很合适。

喷泉的水箱被埋在地下，对于有小孩的家庭来说，鹅卵石喷泉这种循环水景是不错的选择。巨石或鹅卵石喷泉易于建造，它们可以为周围的区域营造湿润、凉爽的微气候，适用于任何风格的庭院。如果接电很方便，并且能挖出足以容纳 5 加仑（20 升）水箱的空间则可以建造这类喷泉。你还可以使用体积相似但更宽、更浅的水箱，或由软质的池塘衬垫材料制成的容器。

用于喷泉的石材

采石场通常有用于建造喷泉的大型预钻孔巨石，或者根据客户的规格需求定制钻孔。巨石喷泉有许多种类，包括雕刻成盆状的石块、石碗或带有钻孔的石盆、石雕。旧的石磨或一组排列成形的石头也可以与巨石喷泉配合使用。

光滑、磨损的石头也称溪流石，通常用于鹅卵石喷泉。

◄用穿孔的大石块建造的定制庭院喷泉，水泵埋在地下

►力求自然外观的水景，其顶部构造使水不会流向墙壁

水泵组件

竖直的出水口或起泡器通常与喷泉水景配合使用。根据水泵的尺寸，喷水高度可以在 3 ~ 24 英寸（7 ~ 60 厘米）或更大的范围内调整。如果对水泵的尺寸与喷泉的匹配有疑问，可以咨询喷泉供应商。同样，切记使用具有 GFCI 接地保护的电源插座。

水泵安装

安装从在地上挖一个比水箱稍大的坑开始。一个容量为 5 加仑（20 升）的塑料桶就是不错的水箱。将水箱放入坑中，确保其垂直于地面。用土壤回填，并在水平地面上挖出一个坑，将水引回水箱。

将喷泉组件安装在水箱中，并在水箱侧面靠近顶部处钻一个孔，方便电线穿过。将一块长方形的柔性衬里材料（池塘衬里或加厚的塑料布）放在水箱上并轻轻向下推入水箱中。衬里材料的边缘应延伸到水箱边缘以外足够远的地方，以作为将水送回水箱的汇水区域。使用剪刀在水箱中央的衬里上剪一个 8 ~ 10 英寸（20 ~ 25 厘米）大小的“X”形孔。

将一个金属丝网 [至少比水箱直径大 10 英寸（25 厘米）] 放在衬里上。在网格上切一个足够大的孔，用于连接喷泉水泵的垂直管道。对于鹅卵石喷泉而言，根据需要修剪管道，然后用石头将其隐藏起来。通过向水箱中注水，并按照喷泉套件中的说明调整水的流速来调试整套设备。

维护喷泉

喷泉循环水流失的速度取决于喷泉运行的频繁程度以及水的蒸发量。在水箱上做好标记，经常检查水位高度并定时补充。很快，你就会清楚何时需要加水了。

苔藓。可以用软毛刷清理喷泉石材上的苔藓。

冻害。冬季，在温度降到冰点以下之前排空喷泉水箱中的水，回暖或下雨之后也要检查水箱。排空水箱中从地下水径流中积聚的水。

喷泉施工

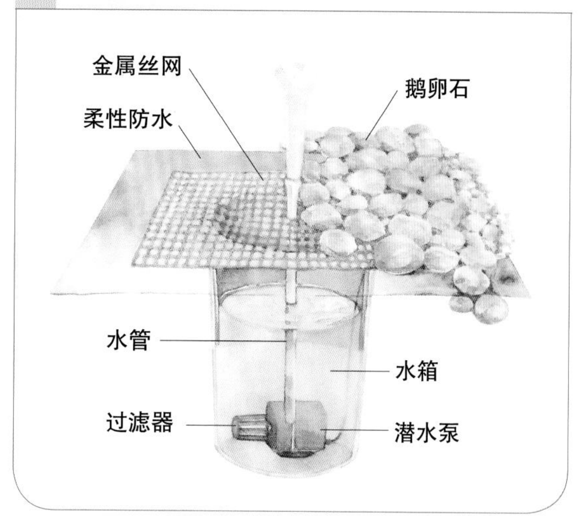

◀传统篝火堆的新形式，喷泉代替火焰成为座位区中心的视觉焦点

▼鹅卵石喷泉将典型的池塘变成了引人注目的焦点，园林用品商店有现成的水泵组件

▼有些喷泉能发出悦耳的声音，有些则像精美的艺术品。图中不寻常的雕塑作品是用简洁的石板制成的

干枯河床

干枯河床是一种理想的庭院元素，它不仅是不错的视觉景观，还具有多种功能：创造了方便展示美丽花草的空间，为过渡困难的高度落差提供解决方案，方便掩藏排水通道，在不适合建造水景的区域营造出有水的感觉。

小提示

弯曲的河道

把河道设计成弯弯曲曲的形状可以引导游客将目光投向另一处庭院景观，如花坛或者休息区。

设计

干枯河床仿自自然界，所以，应使自然成为设计的指引。注意观察当水以不同的速度流动时及地形陡峭或平坦时，溪流中或附近的岩石是如何分布的。体验不同大小、形状的石头的组合以及不同的位置关系。反复试验和返工是不可避免的，但在放置石材和植物时既要考虑自然形态，又要兼顾设计目标，以实现最自然的效果。

建造

干枯河床中的石材有 3 种用途：形成溪流的边缘或堤岸、替代水流动的效果、形成河床。通常，干枯河床的石材按原有的样子使用即可，并且比建造石墙或露台所用的石材便宜。

完工之后要做的更改通常都可以用手工完成。其实，使用铲子、撬杠和手推车就可以建造一般的干枯河床。低安装技术和相对便宜的材料使干枯河床成为最适合没有动手经验的房主操作的景观项目。

▼在花坛内用呈流动状的“石头河”将两侧分隔开

施工要点

√使用软管或绳索布置河床的轮廓。
√在河床下方铺塑料布来控制杂草生长。
√首先放置大型石块。
√准备种植之前，用塑料布等覆盖物遮盖未种植的区域，以减少侵蚀并抑制杂草生长。

▲变化的河道宽度和石材类型为干枯河床增添了别样的乐趣

◄干枯河床引导游客的视线从一处景观转移到另一处景观，串联起整个景观设计

天然景观

以下的设计指南将帮你建造更自然的干枯河床：

√选择接近场地地形和自然排水方向的整体布局。
√如果河床穿过庭院的不同区域，改变河床的形态。例如，在坡度大的地方用大型圆石来模拟瀑布的效果。
√改变河床的宽度。增设的沙滩或者干枯池塘就是另一个小景观。
√改变河岸的深度和陡峭程度，以增加景观的趣味性和促进植被生长。
√用植被或石材建造小岛。
√在河床上放置踏步石或小桥。
√用附近植物的阴影来模拟涟漪的效果。

9

固定大型石材

使用大型石材进行景观美化越来越受追捧。大型石材可以用来替代或模仿自然、营造情绪、传达信息或实现庭院的某些功能。同时，它们的形状和体量为景观增添了戏剧性的美感和个性。土方挖掘设备、起重机和铲车的应用让房主使用大型石材进行景观美化成为可能。

探索可能性

在下页所示的景观项目中，用于铺设房屋部分地基的石材来自被炸毁的岩洞。岩洞中的大部分石材被炸成500 ~ 2 000千克的碎块，然后被一块一块地从地下搬了出来。石块丰富的颜色、质地和形状吸引了房主，并显著地影响了对景观的设计。

该景观主要是为了突出而不是隐藏房屋建在岩壁上这个事实。所有的功能元素，如入口步道、车道、挡土墙和坡度变化，都是为了这个目的而建造的。本地的原生植物被广泛用于补充和强化景观的树木繁茂、遍布岩石的场地特征。

创建视觉焦点。在规划项目的时候要清楚大型石材始终是景观中的焦点。在整个景观构图中，石材群组之间也存在动态关系。设计要想办法将这些关系构建成一个美观的整体，并将景观项目的规划与周围的环境联系起来。

用大型石材来模拟自然景观非常有挑战性。你对自然效果的渴求越高，就越必须谨慎地摆放石材。未经斟酌的摆放会让石材一直看上去别扭。

施工提示

填埋石块

当使用大型石材的时候，你往往需要填埋每个石块的1/3。在你进行项目规划的时候，也要在采购石材之前在场地内挖掘土坑，以确定场地的类型和你的设计是否相匹配。如果场地的土层比较浅，那么你可以采购一些平底的大石块，这样能稳妥地摆放它们。

石材和其他元素。当景观构图是由明显的人工建筑元素组成时，如步道或入口，它会像一个雕塑作品一样成为视觉焦点。石材的尺寸、颜色、形状和表面质感都很合适固然重要，但是重点应该放在是否有足够的视觉吸引力，而不是一味地模拟自然特征。当然，这也不代表忽略了正在使用天然材料这一事实。成功的施工，即使有明显的施工痕迹，也会流露出石材的一些天然特征——老化、破裂、排列成河床的样子、看起来像一座山的形状，与真实存在于自然界中的石材一样。

综合考虑石材的大小、形状和表面质感与把它们按照精确的位置和角度摆放一样重要。以下内容是帮助你使用大型石材进行景观构图的补充。

◄大树和大型石材是很好的搭配组合，摆放时要考虑树木生长的空间

►在斜坡上，恰当的排水可以为大型石材提供稳定的地基

◀室内装饰的经验也可以用于园林景观中

基本形状

石材最显著的特征就是它的形状。因此，石材的形状对整体构图有很大的影响。从远处观看整体效果时，石材形状对构图的影响会更加显著。

天然石材具有不同程度的弧形或棱角边缘，基本形状有 6 种。以下对石材形状的描述基于石材放置就位后的外观或有效形状。挑选石材时，必须考虑石材将被掩埋的部分以及这将如何改变石材的形状。

竖直型

竖直型石材的高度明显大于宽度，通常用于吸引或引导观赏者的视线，有利于整体构图，或者给构图添加框架、重点或力量感。几块竖直型石材就足以确定设计的边界。一块大中型的竖直型石材，尤其是具有不同寻常的表面的石材，具有高度的雕塑感，可以打破宁静并展示力量。

水平型

水平型石材有 3 种基本构型：大型、低矮型和楔形。

大型水平型石材的宽度远超高度，并且通常在构图中占主导地位。具有棱角的大型水平型石材是崎岖的戏剧性瀑布的理想选择，也可以用来模拟自然的岩石。使用圆形石材可带来更温暖、更古典的感觉。在上页的功能型景观中，有几个大型水平型石材被放在房子的一侧以模拟渐变的坡度。

低矮型水平型石材可以是比较小的水平石材，也可以是高度很低的平顶石，最常用于台阶或路缘石。在构图中，低矮型水平型石材不像更大型石材那么显眼，然而，一个或多个低矮型水平型石材可以为景观提供纵深、平衡感、细节和丰满程度。

楔形石材可以是任何尺寸，通常具有圆形磨损表面，让景观整体更生动。楔形石材的显著特征是在构图中凸显斜坡或斜面。

块石或粗石

块石或粗石有各种各样的尺寸，形状类似于立方体，但高度通常略大于宽度。这种形状适应性很强，并且在构图中具有很强的存在感。可以将其用作外围或中心组件，以增加整体构图的深度、凝聚力、密度和稳定性。

拱形石

拱形石不常见，因此需要谨慎使用，从而与整体环境融为一体。拱形石具有独特的弧度，可以传达动感、方向或能量等效果。拱形石长宽差异明显，可以垂直使用，也可以水平使用。在构图中，拱形石可以引导游客的视线焦点或引导人流方向。

▲这个景观融合了块石、拱形石和水平型石材

石材形状

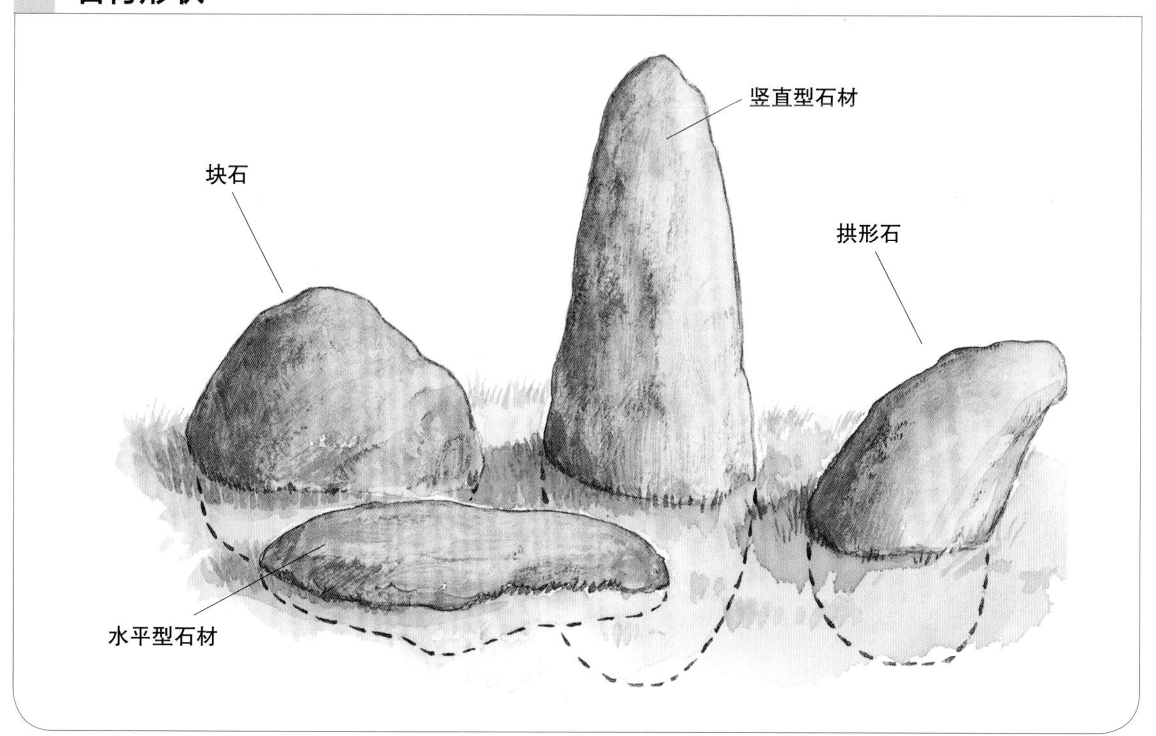

表面特征

石材的表面特征各异，其中边缘的弧度或棱角是最显著的表面特征之一。其他常见的表面特征包括断裂、裂缝、点蚀、明显的分层等。石材并不是均质的，当石材由多种矿物组成时，表面特征可能会有所不同。例如，在美国东北部，石材上通常会有白色的石英条纹。

在景观构图中，石材的表面特征既用于吸引游客，又可体现其真实、统一或有条理的特性如展现沉积岩形成各个岩层的天然线条。但是当这些线条被摆放成指向不同方向时，构图就会有混乱的感觉。如果你认为这样会显得异想天开或俏皮，并且是自己想要的效果，那么很好。但是，如果这是在模仿自然的形式，那么这种设计就是不合适的，因为在自然界中，特定类型石材的条纹是朝同一个方向的。此外，石材的表面特征还可以提升整个景观的氛围感。

▼对于大型石材景观，应在固定石材前绘制草图

使用大型石材

对大型石材进行造型可以实现某种功能、引发某种情绪、传达某些信息。可用的大型石材景观包括：

自然造型

√岛屿、半岛、山丘、河床、瀑布
√树木 / 花卉
√鱼、龙、鸟

功能——明示或暗示

√桥梁
√大门
√边界
√挡墙
√台阶
√水坝

情绪或动态

√流动或游泳
√觉醒
√和谐
√幽默
√幻觉
√力量
√宁静
√寂静
√永久
√永恒
√家庭

信息

√废墟
√监护人或保护者
√仪式
√招手或欢迎
√雕塑
√边界
√方向

▲日式庭园中的单体石材用于表达对游客的欢迎

▼巨大的景观石是这座西南花园的焦点

▲石材之间的和谐是重要的设计元素

安排与布置

石材放置的位置和石材的表面特征对景观构图的影响不相上下。石材的位置和使用数量也会影响构图的基调。基调是宏大的、简洁的、充满活力的，还是宁静的？一旦确定了基调就该考虑以何种方式将基调自然地融进庭院景观。

参考经验。虽然布置大型石材对你来说可能是一项全新的尝试，但你可以参考布置和装饰房间的经验来完成整个项目。需要考虑的关键因素包括大小石材的组合、颜色、节理方向、间距、纹理、形式、立面、取景、光线，以及不同角度的效果。

你最终完成的构图应既具有定义特征又与周围环境有独特的关系。合理使用比例、间距、节理方向、数量和伴生植被将帮助你实现这一目标。

比例

比例可以帮你确定石材的尺寸以达到和谐的构图效果。如果共使用 7 块石材，将最大的一块赋值为 100%。小一些的 2 块或 3 块赋值为 65% ~ 75%；再小一些的 2 块或 3 块赋值为 30% ~ 45%；最小的 1 块或 2 块则赋值为 15% ~ 20%。比例不是绝对的，但可以作为决定石材尺寸的辅助手段。当与其他设计方法（如间距和方向）一起使用时，比例会提供最多的信息。

间距

在构图中，石材之间的间距对于整体性或内部统一性有重要影响。间距对在构图中建立动态的效果也至关重要。

石材之间的距离太远时，彼此的联系会被削弱；而当它们靠得太近时，石材的个性则会被削弱。这同样适用于纯粹的雕塑作品和模拟自然特征的景观。在模拟自然的景观中，合适的间距有助于提高构图的真实性。

使用道具。确定石材的间距是一个反复试验的过程，可以使用比例模型或全尺寸纸板来提前评估完成后的效果。移动大型石材既麻烦又昂贵，因此在施工之前尽可能多制订一些方案。

节理方向

与间距类似，节理方向也会影响石材之间的关系以及构图的完整性。要确定节理方向，可以先从所有可能的角度来评估每块石材的表面及形状对构图的影响，还可以通过调整石材摆放的倾斜度或角度来确定。

数量

该如何确定石材的数量呢？对于任何规模的景观项目，石材占整个庭院面积的20% ~ 40%最常见。但是在日式风格庭院中，石材的占比可能为90%。

由经验得出的建议很有帮助，但何时该叫停呢？即使是对专业的景观设计师而言这也是个难题。多给自己一些时间来考虑。有时，对于那些不确定的石材，可以先摆放到位看看效果，如果不满意再移走。如果可以用较少的石材实现同样的效果，则少即是多。奇数的石材通常比偶数的石材更容易摆放。

▲房主使用他们在自有场地内找到的石材完成了整个景观

◄石板组合、植被和人造元素共同构成一处迷人的景观

伴生植被

如果植被是构图的一部分，那么从一开始就将它们包含在平面图中，以防为其预留的空间过多或不足。为处于或接近成熟尺寸的植被规划空间时，既要保证植被和石材有合适的比例，还要做到植被不被频繁地修剪。

如果植被对整体构图至关重要，先要了解植被的特点。如果需要这方面的帮助，可以将图纸带到园艺中心以获得选择植被方面的帮助，也可以咨询景观设计师。

打破常规的设计

右图的设计很好地说明了基于逻辑和场地特征的设计为何优于基于经验的设计。如果按照经验填埋 1/3 的石材，整个构图会受到干扰。在这个构图区域外边一点，地面上有大小相似的天然巨石，就好像有人将它们推过陡峭的堤岸。陡峭的堤岸包围着花园。接近这个石材景观时，你会看到前方还有一个天然的大型岩石区。从任一方向来看，该构图将已经存在的场地特征与即将建造的景观联系起来。石材的摆放位置也对整个构图产生了微妙的影响，使即将完成的花园显得错落有致。

▲摆放大型石材时，依据场地特征来规划设计方案

技术和工具

明确了石材的尺寸（大致尺寸和重量）和形状（自然的或经过修饰的），才更容易确定哪种设备在施工中最合适。用于摆放大型石材的最常用设备是带有铰接式铲斗和可拆卸弯臂的挖掘机，它可以用于挖掘场地、用砾石替换底土、摆放和重新定位石材，并在石材就位后将表土和覆盖物回填场地。

场地准备

放置大型石材的场地要做 2 项准备：开挖场地以将石头镶嵌其中，整平场地以放置石材。整平场地需要移除或添加土壤、砾石，在合适的高度创建一个稳定的地基。为了使场地长期保持稳定，需均匀地回填场地。

计算石材高度。如果单个石材的高度很关键，首先尝试明确高度。抬升石材特别困难，特别是当依靠手动工具来移动时。

▲引人注目的石材排成了一条小路

在石材构图中获得恰当高度的最简单方法是使用转换高度和基准点来读取高度数值。使用绳索和木桩这样的简易方法也有效。根据构图，使用两个或更多木桩。

判断高度。以最高石材的顶部为基准，在木桩之间拉紧并水平地系一条丝线。从这条线向下测量以放置较矮的石材，也可以使用额外的木桩和丝线。如果想将石材摆放在特定高度，需要知道石材的总高度、坑的深度以及石材要露出地面的高度。这些操作在相对平坦的场地上进行并不困难，但如果场地是倾斜的，可能需要格外高的石材才能获得想要的效果。

排水。如果场地比较潮湿，须设置排水装置，以防出现石材倾斜、翻倒或者整个景观慢慢沿着斜坡下滑的情况。

▲在庭院中摆放石材时，石材的表面特征也要考虑

确定石材高度

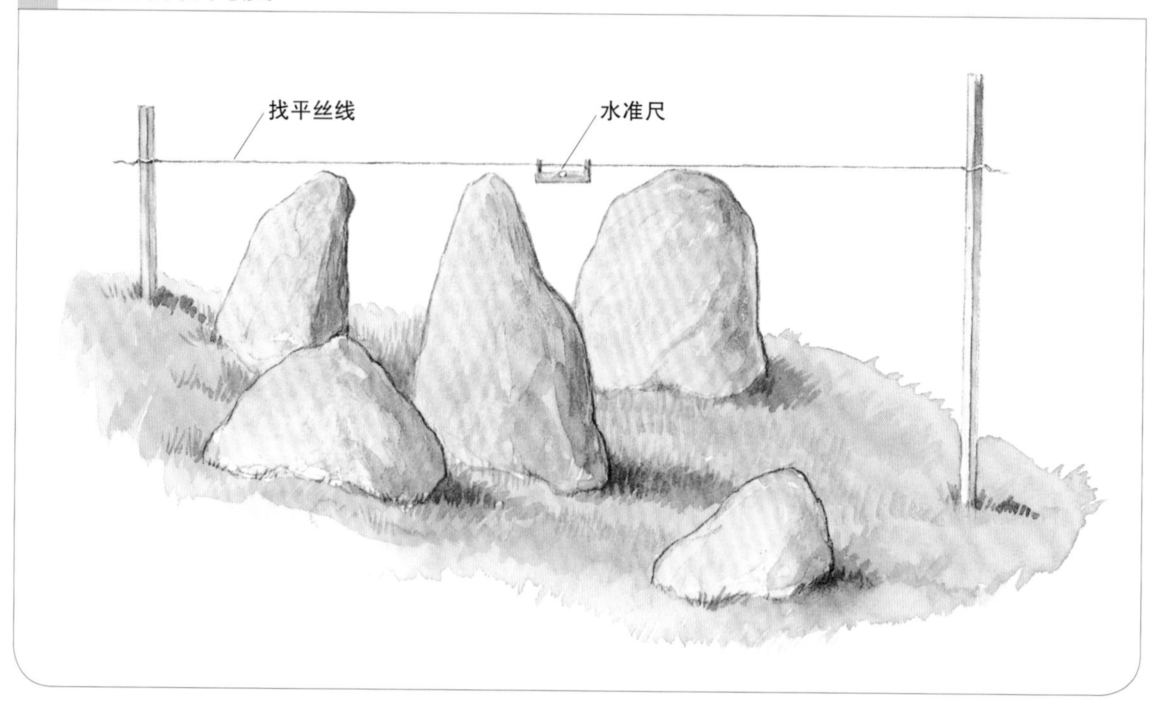

手动放置石材

本页和下页的插图展示了使用手动工具将100 ~ 300磅（45 ~ 135千克）的石材移动到位的各种方法，施工的具体情况、现场条件和你掌握的技巧决定了难易程度。如果使用重型工具，如拖拽器，在地上拉石材时，阻力也要考虑到。

将小石头放在手边当作楔子。使用它们来调整大型石材的位置并将石材固定到位，直到回填完成。2×4英寸（5×10厘米）的木方或一根铁棒也可以用来临时支撑石头。

多种技术结合应用。在大多数情况下，需要将多种技术相结合以放置石材。例如，可以先使用链条和卡车把石材拖到场地，然后使用木板和滚轮、木板和枢轴、长条形木板将石材移至地基旁边。想要将石材推到位，可以用撬杠、通过在木板上滑动、用卡车的保险杠或拖拉机铲斗推动它。如果地基的一侧已经挖好了土坡，将石材推入其中可能更容易。

至此，你应该已经清楚并没有一种通用的方法可以处理大型石材。但是，仔细考虑各种方案并尝试使用不熟悉的工具后，你就会找出最适合自己的方法。

撬杠。撬杠非常适合石材位置的微调。可以用一根或多根撬杆将石头转动、倾斜到指定位置。撬杠可以与支点结合使用，以增大移动石材的力矩。撬杠还可以用于将石材推入既定的位置。

拖拽器。通常有两种情况会用到拖拽器：与某种链条或安全带结合使用，通过沿地面拖

放置石材的技术

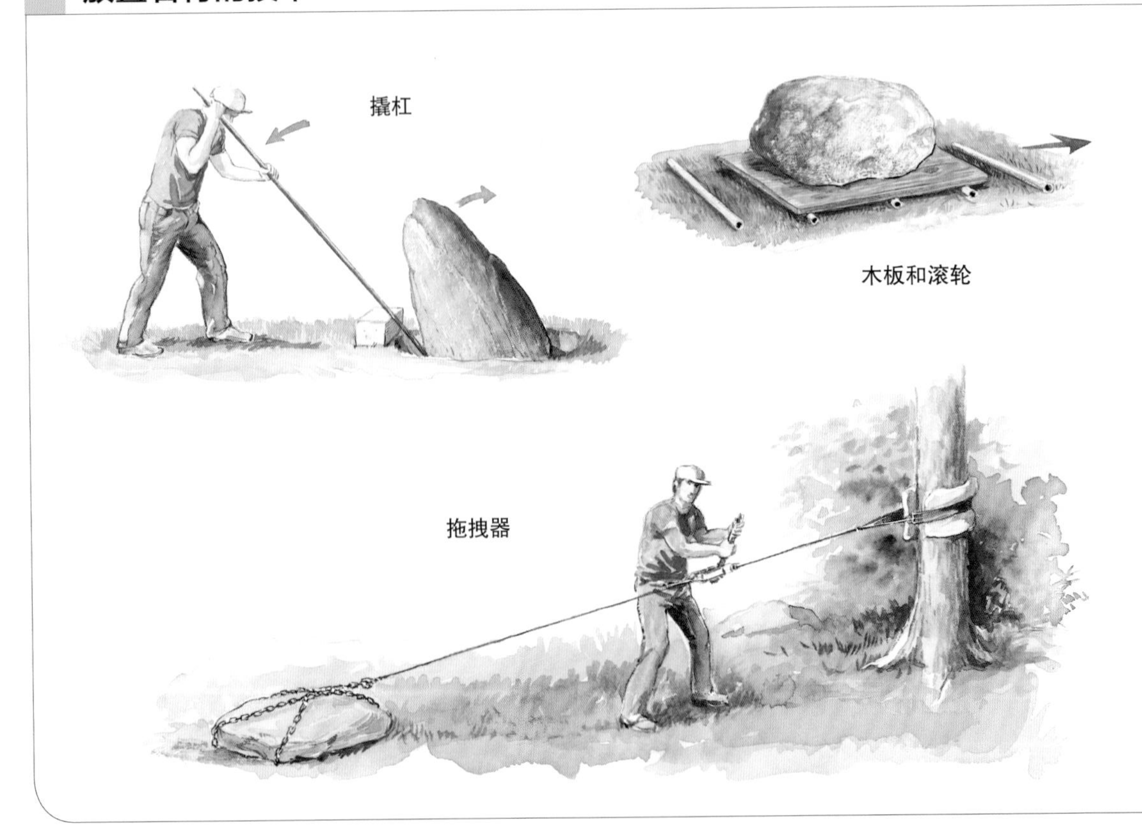

动石材来短距离移动石材；与三脚架结合使用以抬起石材并将其固定到位。

木板和滚轮。使用木板和滚轮是建造古埃及金字塔时用于移动巨大石块的首选方法。可以用金属、PVC 管或木材制作滚轮。在平坦的地面上使用它们效果最好。

三脚架。三脚架是一种三条腿的支撑，可以在现场制作并与拖拽器、绞盘、链坠或滑车结合使用。三脚架可以将石材降低并轻松转动以使其定位，还可以帮助你较容易地抬起石头以添加或移除填充物。

倒钩。倒钩是一种传统的伐木工具，用于滚动和移动原木。它也可以方便地移动石材。使用倒钩，你甚至可以抓住、倾斜、旋转和滚动一块大得惊人的石头。使用倒钩的弊端是会损坏石材，所以最好把它钩到最终会被掩埋或隐藏的位置。

球车。园艺中心和园艺师使用球车来移动大型植物。你也可以从园艺师或园艺中心租用一辆用于移动石材。球车有不同的尺寸，因此根据石材的尺寸来选择合适的规格。

链条或绳索。可以使用链条或绳索将石材从一处拖到另一处。由于地面阻力很大，链条或绳索的承载力应至少为石材估计重量的 2 倍。如果将滑板、滚轮与绳索或链条结合使用，则可以用较小的力移动较大的石材。

支撑大型石材

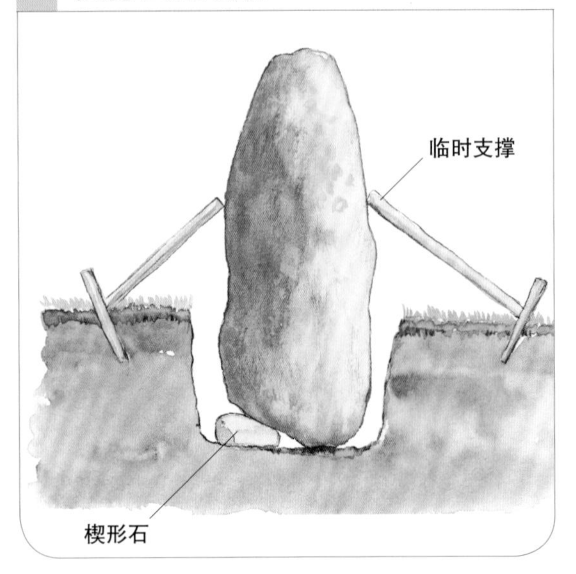

▼在传统的日式园林中，水平石材、植被及人造元素配合使用

转移土方

为了加快工作进度、减轻负担，使用挖掘机、推土机、小型铲车或拖拉机来放置重量超过 300 磅（135 千克）的石材。在本书第 144 页所示的景观中，对于配合默契的设备操作员和园艺师来说，放置改变坡度的石材需要大约 4 个小时。大部分石材和填充材料都可以用挖掘机铲斗来移动，因此整个项目的工作进展会很快。

在这 4 个小时里，他们能够铺设砾石填充物（用于排水、稳定基础、调整高度），摆放石材，并铺设 6 英寸（15 厘米）厚的表土层。即使是最熟练的设备操作员也需要别人在地面上配合铲车工作，为其添加或移除填充物、放置石材，以及铺平填充物和表土层。

保护石材

在移动石材的过程中，要尽量减少石材的碎裂、凿孔和划痕。你可以事先指明石材的暴露面，并在移动石材时尽量避免损坏暴露面。如果使用挖掘机或小铲车移动石材，可调整石材的方向，以确保铲齿不会接触到暴露面。家具移动垫或毯子有时也可用于保护石材。石材被损坏在所难免，但大多数破损会慢慢地被风化。

微调构图。如果可能，石材摆放完成后不要立即回填，先等一两天，这会让你有时间在彻底完工之前发现和修复小缺陷。如果条件不允许，至少过几个小时再回填。

►用于建造水平台阶的石材由前门入口周围的其他天然石材切割而成

和设备操作员一同工作

在雇用设备操作员或者租赁设备之前，你必须明确自己的计划及场地的大致形态，这有助于操作员选择机械设备以及设备的规格。和重型设备操作员沟通前，先确保自己已经掌握以下的信息：

√石材的数量和尺寸（大概重量）
√填埋材质
√场地内是否有积水
√设备抵达和操作的空间
√场地地形
√场地规划
√项目进度安排（在施工的高峰期，有时需要提前一个月预约设备操作员。如果你的景观项目不大，时间自由，有时操作员可以把你的项目安排进自己的时间表内）

最好可以找到以前做过类似工作且声誉良好的操作员。园艺中心和景观设计师应该能够为你推荐。找到操作员后，查看他们的推荐信，并预约时间请他们来查看场地。聘请到喜欢这种工作并愿意与你配合的操作员是最理想的，因为熟练且信誉好的设备操作员可以为你节省时间和费用。

固定景观石

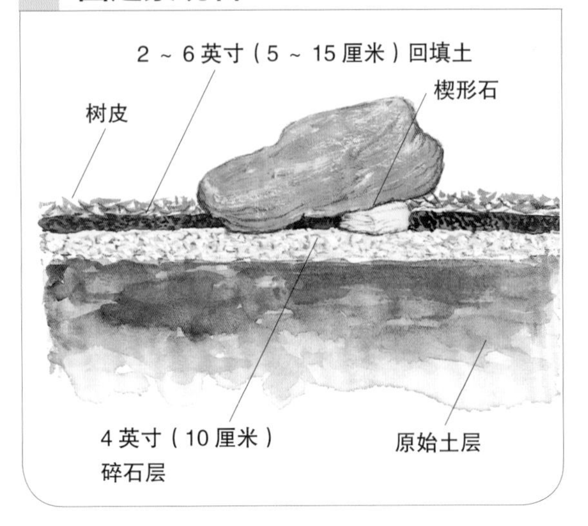

回填。如果你对石材的摆放效果感到满意，就可以开始回填了。如果景观中包含大型植被，可以让植被移植和回填同步进行，因为现场的设备可以相对容易地移动和固定大型植被。

▲尝试放置石材以模拟自然景观

景观石

景观石单纯是出于美学原因而被放置在园林中，它通常不是庭院的功能性组成部分。你可以使用单个景观石或成组使用多个景观石。除了需要绝对对称的情况外，用奇数的景观石更容易制作美观的构图。在右图中的封闭花园中，单个的黑色景观石表面粗糙，在该地区并不常见。然而，完全封闭的花园中有一块“外来”石头似乎并无不妥。两块同类型但相对较小的石头在距大石头约 15 英尺（5 米）的茂密植被中探出头来。尽管在大多数类似的石材作品中，这个距离太远了，但在这种情况下是可以接受的，因为围栏让石材与整个花园融为一体。

▲丰富多彩的灌木丛与景观石形成有趣的对比

选择设备规格

以下是移动大型石材时可能用到的设备的规格。其中，石材的重量按照每立方英尺 160 磅（每立方米 2.6 吨）来考虑。和设备租赁公司确认设备的承载力。

不大于 300 磅（0.14 吨）或 2 立方英尺（57 升）
30 ~ 35 马力（22 065 ~ 25 742.5 瓦）有斗的拖拉机

不大于 2 500 磅（1.1 吨）或 15.5 立方英尺（0.4 立方米）
60 ~ 85 马力（44 130 ~ 62 517.5 瓦）有斗的拖拉机

不大于 2 000 磅（0.9 吨）或 12.5 立方英尺（0.35 立方米）
700 系列小铲车

不大于 4 000 磅（1.8 吨）或 25 立方英尺（0.7 立方米）
800 系列小铲车

不大于 10 000 磅（4.5 吨）或 62.5 立方英尺（1.8 立方米）
推土机、起重机或 29 000 磅（13 吨）的挖掘机

回填的材料可能包括几层。首先使用砾石或现场的排水良好的土层来保持石材稳定。然后根据种植计划，留出 4 ~ 8 英寸（10 ~ 20 厘米）的表土空间。最重要的是你可能需要添加几厘米的树皮或碎石。

安全。安全是所有景观施工都需要面对的问题，施工过程中要注意以下安全事项：使用重型设备移动大型石材时要格外小心，始终与设备保持安全距离，使用清晰的手势与设备操作员交流，站在操作员的视野中，控制场地人员的进出，使用与石材尺寸相匹配的设备。

▼利用重型设备使得在景观中使用大型石材成为可能

10

岩石花园

流行的不规则的花园、亚洲风格花园和干旱景观（几乎不使用水的景观）已经超出了常规意义上的岩石花园范畴。严格来说，岩石花园不再是只有高山树木和藤类植物的迷你山地景观。岩石花园已成为复杂的景观集合，其中的天然石材与特定的植被都非常重要。

▲春天，色彩鲜艳的树叶与天然石材的柔和色调形成令人愉悦的对比

选择场地

即使有更灵活的定义，但岩石花园的魅力仍依托于石材的放置、选择和布置，以及植被和石材之间恰当的平衡关系。只要牢记常规的注意事项，选择植被类型时就不会受到太多限制。（参见第 174 页“岩石花园中的植被”）

有天然岩石露头的场地最适合修建岩石花园，而且露头的天然岩石通常是整个花园设计的灵感来源。如果只有很小面积的岩石露头，添加其他类似类型的岩石来创建花园也是可行的。

气候的影响。传统岩石花园中的植被都是喜阳的。如果场地的部分区域背阴，那么开花类的植被并不合适；相反，许多蕨类植物、苔藓和林地花卉可以在背阴的地方旺盛生长，可以用来打造这类岩石花园。对于岩石花园的背阴区域，你需要评估附近的大乔木或灌木与区域中的植被争夺水分和养分的情况，以及树叶和枯枝是否会产生繁重的维护工作。

归根结底，岩石花园的本质是模拟大自然。如果没有合适的天然场地，尝试寻找一处斜坡，因为那里更有可能有岩石露头。如果空间有限，也可以尝试建造岩石盆景或者小型岩石景观，并将其放置在步道、门廊、草坪等规则的庭院元素旁边。

▲岩石赋予庭院景观特殊的质感

准备场地

岩石花园的规模和天然石材露头的情况共同决定了为场地做准备的工作量。对于已建成的花园，你至少需要挖一个坑来安全、美观地放置石材。像建造新花坛一样去除草皮。如果场地内是黏土或需要排水，或者石材可能因冻结而隆起，则移走并保存表层土；然后在将要放置石材的地方向下挖 4 ~ 12 英寸（10 ~ 30 厘米），并添加砾石排水层。

小提示

岩石盆景

岩石盆景将岩石景观和植物集成到城市环境或更规则的环境（如入口通道或露台）中。如果移动方便，在冬天或夏天可以把岩石盆景移到较合适的位置。

花园围墙

带围墙的岩石花园是传统岩石花园中的另类。如果空间充足、地形合适，或者围墙是庭院必需的，你可以考虑给岩石花园建个围墙。

►把场地的天然形态，如岩石当作植被的种植基础

▼选择植被时要充分考虑场地土壤的类型及采光的条件

同步移栽。通常，植被要在建造墙体的同时进行移栽。先在墙体上制作种植袋，然后用土工布覆盖种植区域，并用适合植物生长的腐殖土填充。将植被安放到位，并添加尽可能多的土壤。然后夯实土壤，并浇透水。可以用另一块土工布覆盖整个种植区域。如果种植区域不会立即被石材覆盖，要用湿的粗麻布或树皮覆盖土壤，以防止土壤变干或流失。

墙体上的植被更容易受极端天气的影响，可能会需要人工浇水。为了减少维护工作，可以选择能耐受极冷或干燥环境的植被。

如果场地可以容纳阶梯式围墙，则可有更大的种植空间。同样，这也意味着维护工作的大大减少，有更广泛的植被选择范围，如小灌木。

选择石材

为岩石花园或花园围墙选择石材时，可以从两个方面考虑：一是该地区的原生石材可以传达归属感，二是其他地方的石材可以创造视觉焦点。

无论你为岩石花园选择石材的依据是什么，其美学价值和结构都是项目成功的关键。石材提供了花园的框架、基础，这取决于你如何看待它。经过深思熟虑并明确了种植计划后使石材得排列与植物的分布相协调。

植物的数量。与许多景观设计类似，岩石花园中的石材与植被没有绝对的数量和比例关系。1/3 的石材和 2/3 的植被是一个常见的数量关系。实际上，场地特征、维护需求和个人喜好都可能使得比例发生变化。

干砌石墙的绿化

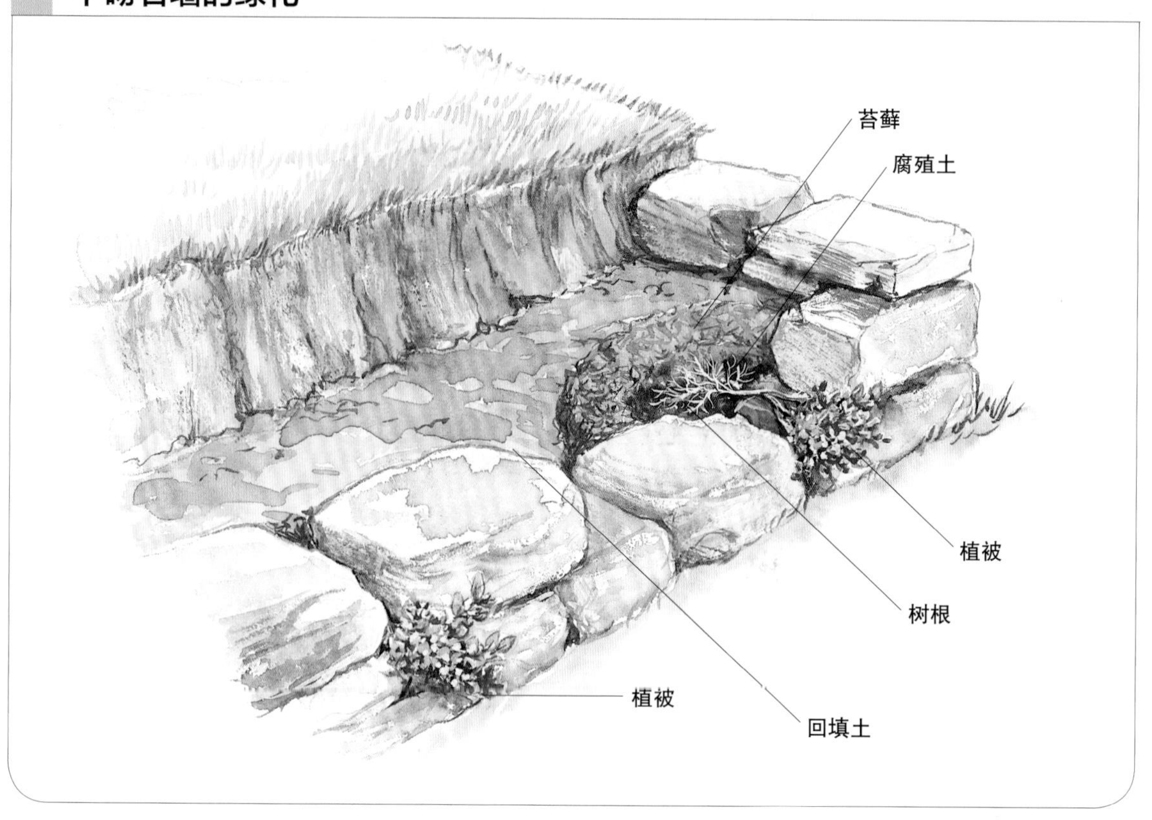

◄水平区域内的一组石材在庭院内组成了一个“小岛”

►池塘套件和隔水衬垫使得在岩石花园内修建水景变得更容易了

▲选择植被时要考虑它们的生长模式及成熟后的尺寸

排列石材

对于在岩石花园中排列石材，人们对一些基本设计原则达成了普遍共识，第一个共识就是大自然是最好的老师。

■ 使用单一种类的石材。但是在大型花园中，有可能会引入不同种类的石材作为特殊的元素。

■ 如果使用碎石作为覆盖物，应选择颜色与花园中使用的主要石材相匹配的碎石。

■ 利用光线和风向并合理摆放石材，以产生局部的微气候。

■ 填埋至每块石材至少一半的高度或埋到石材最宽的部分，这样石材看起来是固定在地上，而不是被放在地上。

■ 排列石材，尽量使石材的纹理、条纹或断裂线指向同一方向。

■ 使用各种尺寸的石材，将最大的石材放在花园的最高处。

布置好所有石材后，至少花几天时间来考虑构图问题。如果可能，把最关键的植被也移植到位。然后，反复观察构图效果，并做最后的微调。石材到位后，回填石材周围的表层土，并为植被回填适合其生长的腐殖土。

岩石花园中的水

将流动的水加入人工建造的岩石花园会增加景观的复杂性，添加静止的水则相对容易得多。有时，可以找一块带有空心的石头制作一个石制小水盆，陶罐、石碗、沉水的金属罐等也都可以做成效果不错的倒影池。此外，还可以使用塑料池塘防水衬垫制作较浅的、任何形状的小水塘。

小提示

长期规划

如果想在岩石花园中长期种植植被，可以在覆盖层下面加一层塑料垫层，这样可以阻止杂草生长。

▲将合适的石材与合适的植被结合使用，就可以为庭院制造出惊喜效果

▼装满硬币的石碗、多种多样的岩石及当地的植被共同组成了有趣的元素

岩石花园中的植被

名称	常用名	区域	高度	花期	颜色	注释
草						
低矮苔草	蓝莎草	5 ~ 9	6 ~ 8英寸（15 ~ 20厘米）	晚夏	黄褐色	适用于岩石花园的土壤覆盖、水土保持、形成草丛
灰羊茅	蓝羊茅	4 ~ 8	10 英寸（25 厘米）	晚夏	蓝色	簇绒；果实箭头达到 2 英尺（60 厘米）高；适合与多肉植物共生
矮针叶树						
扁柏	矮扁柏	4 ~ 8	1.5 英尺（45 厘米）	–	深绿色	只生长到 20 英寸（50 厘米）宽；叶子看起来像厚苔藓
杜松	刺猬杜松	2 ~ 7	2 英尺 （60 厘米）	–	浅绿色	小山丘一样的外形与岩石花园形成对比
油茶	萨金杜松	4 ~ 9	2 ~ 3英尺（60 ~ 90厘米）	–	蓝绿色	给岩石花园增添了颜色
高山柏	单籽杜松	4 ~ 7	2 ~ 3英尺（60 ~ 90厘米）	–	银绿色	与其他植被形成对比

萨金杜松

单籽杜松“蓝星”

名称	常用名	区域	高度	花期	颜色	注释
灌木						
帚石楠	石楠花	4 ~ 7	2.5 英尺（75 厘米）	冬到春	多种	可以选择矮石楠花；石楠花需要酸性土壤（pH6 ~ 6.5）
欧石楠（*Erica carnea*）	冬春石楠	4 ~ 7	1 英尺（30 厘米）	冬到春	白、粉红、紫色	有多个栽培品种可供选择，需要碱性土壤
粉紫杜鹃	云南杜鹃	6 ~ 8	1.5 英尺（45 厘米）	春季	蓝紫色	矮化树丛的叶子相对较小

帚石楠‘科贝特红’

苏格兰石楠

苏格兰石楠‘烈焰’

欧石楠‘春芽白’

欧石楠‘欢乐’

名称	常用名	区域	高度	花期	颜色	注释
多年生植物						
蓍草	银叶蓍草	3 ~ 7	1 英尺（30 厘米）	晚春	白色	需要碱性土壤（pH=7.5）
加拿大耧斗菜	落基山耧斗菜	3 ~ 8	1 英尺（30 厘米）	晚春	红色、黄色	需要碱性到中性的土壤；可以忍耐轻度背阴
琼斯耧斗菜	科罗拉多蓝色耧斗菜	4 ~ 6	4 英寸（10 厘米）	春季	蓝色、黄色	需要中性土壤和阳光充足的场地
南芥属	南芥，筷子芥	4 ~ 7	4 ~ 18 英寸（10 ~ 45 厘米）	夏季	白色	需要充足的阳光、碱性到中性土壤，有很多品种可供选择
海石竹属	海石竹	5 ~ 8	4 ~ 8 英寸（10 ~ 20 厘米）	早夏	粉色、白色	需要阳光充足和中性土壤，很适合做切花
龙胆属	龙胆花	3 ~ 7	2 英寸（5 厘米）~ 1.5 英尺（45 厘米）	夏到秋	蓝色	多个品种可选，喜好阳光充足的环境
高山火绒草	雪绒花	5 ~ 7	4 ~ 6 英寸（10 ~ 15 厘米）	晚春到夏季	黄灰色、白色	传统的高山植物，需要碱性土壤和充足的阳光
钓钟柳属	钓钟柳	广泛	广泛	春到夏	蓝色、红色、粉色、白色	有很多品种供选择，有些品种耐酸性土壤，有些则耐阴
景天属	景天	广泛	广泛	夏季	粉色、红色、黄色	有很多品种供选择
百里香属	百里香	广泛	广泛	晚春夏季	粉色、紫色	选择匍匐的品种
薰衣草属	薰衣草	5 ~ 7	6 ~ 8 英寸（15 ~ 20 厘米）	夏季	蓝色、白色	种植在阳光充足的中性土壤中
长穗薰衣草	阿尔卑斯薰衣草	3 ~ 7	6 ~ 8 英寸（15 ~ 20 厘米）	夏季	蓝色、白色	种植在阳光充足的中性土壤中

海石竹

钓钟柳

毛地黄钓钟柳

景天‘秋之喜悦’

红景天

阿尔卑斯薰衣草

红花钓钟柳

11

独立石墙

不再用于圈养牲畜或保护花园的石墙也是广受欢迎的景观元素。沿着花园或庭院边界的一段石墙表达了对过去的回忆的同时，与当代设计和生活方式相互兼容。在城市和郊区，可以使用石墙表明产权边界、保护隐私、传达安全感、明确室外空间，也可以作为其他景观设计的补充。

▲用天然石材建造的、外观传统的石墙标记了院子的边界

► 用坚固板岩修建的石墙部分包围了高于地面的露台

建造石墙

独立石墙分为两大类：干砌石墙和砂浆砌筑石墙。对于干砌石墙，石材之间没有用砂浆固定在一起，而是一个个地堆叠在一起，形成了一种非正式的、随意的结构。干砌石墙是与新英格兰乡村相协调的墙壁类型，由当地石材建造的这类石墙适用于任何地方。

砂浆砌筑的石墙在外观上更规整。用砂浆将石材黏合在一起可以提高墙壁的稳定性，但通常也更难建造。

石墙的用途。由于有两个暴露的侧面，通常在住宅景观中，独立石墙具有双重作用。从外面看，石墙明确了边界，并为景观增添了质感。使用当地石材有助于整合整个景观设计。从景观内部看，石墙不仅定义了花园或整个庭院的边界，还起到其他景观特征的背景作用。

从花园内部看，下页左下角的石墙是一个围墙，它增加了亲密感，明确了整个花园区域，并与花园里的植物相得益彰。在花园外部看，石墙标明了花园与相邻果园的界限。有趣的是建造这堵墙是出于一个无关紧要的需要——处理爆破建筑地基产生的大量岩石。房主的决策过程让人想起在更早的时候，石墙是用农民从田里清除出来的石头建造的。

用于建造石墙的石材

有许多类型的石材可以用来建造独立石墙。开采的石灰石、砂岩和板岩易于加工，但并非总是买得到。用圆形石头或田野碎石来建造稳定的独立石墙难度很大（有些人认为无法建造），建造干砌的石墙更是难上加难。规整的方形石材通常更贵，可以用来建造更整齐的石墙，施工速度也更快，并且是一种更容易使用的材料。

分拣石材。与建造露台或步道不同，你无法提前布置整个石墙而对每块石材做出最佳的摆放处理。你可以提前做的是对石材进行分类以更好地使用既有的石材。你可以留出以下特定用途的石材：用于地基的最大、最平坦的石材，用于墙壁末端的最方正的石材，用于跨越接缝的连接石材，用于顶部的较薄的扁平石材，不同大小的墙面石，以及用于填充墙面之间空隙的碎石。当你对石材进行分类时，想象你将如何在墙上混合使用各种尺寸的石材。你会使用某类特殊的石材来增加墙壁的韵律感吗？你可能需要通过铺设一段墙来找到这样的韵律。

训练技能。建造坚固且美观的石墙所需的重要技能来自练习。你既需要在既有的空间中选择在结构和美感上都合适的石材，也需要创造出空间来使用已选定的石材。提前了解石材可以让你更有效地使用这两种方法来建造石墙。

小提示

物流提示

如果石材是用货车交付的，让司机沿着墙的方向摆放它们，以减少你搬运的工作量。

◄像这样的砂浆砌筑石墙需要混凝土地基来保持稳定

▼用修整好的石材砌筑石墙比用原石建造石墙需要较少的砂浆

干砌独立石墙

石墙的宽度取决于建完后的高度。独立石墙的底部宽度通常是高度的 1/2 ~ 2/3。石材的形状是各种各样的，所以如果使用的是原石而不是半抛光或抛光的石材，则底座可能会更宽。

独立石墙通常有两个石块的宽度，这意味着大多数使用的石材只有墙的一半宽。你还可以通过将石材向墙壁中间倾斜来提高墙壁的强度和耐用性。

建造地基

干砌石墙可以随着地基的运动而弯曲，因此不需要混凝土地基。石墙可以直接建在平坦的泥土上，只需要开挖一条 6 英寸（15 厘米）深的沟渠即可开始建造。但是，如果土壤排水不良或为沙质土壤，则需要再下挖 6 ~ 12 英寸（15 ~ 30 厘米），然后用砾石回填并压实，最终留出 6 英寸（15 厘米）的排水坡度。如果每层砾石的回填厚度为 2 英寸（5 厘米）且立即压实，则会获得最佳的效果。

干砌石墙施工

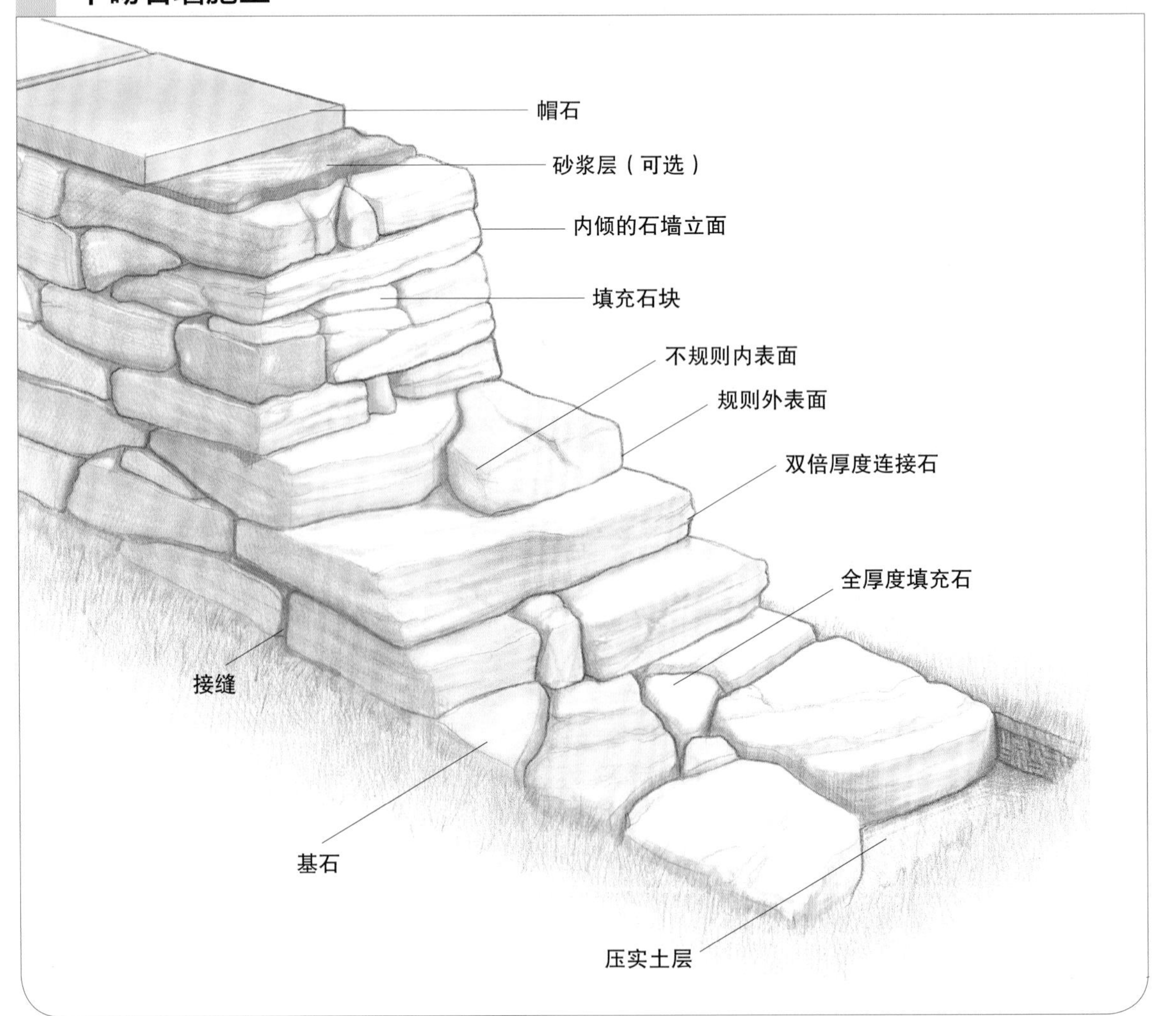

规则中的例外。清除了积雪的车道和步道往往比仍被积雪覆盖的区域的冻结线更深。如果石墙壁靠近车道或步道，需要通过在冻土层以下设置混凝土地基来避免干砌石墙因为地基冻结凸起而破损。当然，干砌石墙的维修是很容易的，小规模的破损并不会成为问题。可以就干砌石墙的地基问题咨询当地的建筑管理部门。

小提示

选择顶层帽石

挑出合适做顶层帽石的石材并摆在一边，直到你准备完成石墙最上层。顶层是石墙外观最重要的组成部分。

▼干砌矮石墙明确了花园的边界。施工时要同时摆放两侧的石块

施工提示

墙体放样

用木桩和丝线进行墙体基础的放样。如果要逐层铺设石材，可将找平丝线提高至第一层石材上方几厘米。然后，以丝线为基准向下测量以确定石材的高程。一层层向上砌筑的同时不断调整丝线。

▲开始建造工作之前，先把石材按照尺寸分类

石材的分类。把尺寸最大、最平坦的石材放在最下层，并将平整的一面朝上。连接石是双倍宽度的石块或两个普通石块，跨越整个墙体宽度，它们有助于将石墙连接成一个整体。从墙的两端开始沿着墙的水平方向每隔 4 ~ 6 英尺（1.2 ~ 1.8 米）放置一块连接石。

放置石材时朝墙中间倾斜。这样石墙的垂直表面会随着每次放置而略微后退。理想情况下，石墙每垂直英尺（30 厘米）高度应该

▼顶层石材的摆放方向和其他石材的方向接近垂直

有 0.5 ~ 1 英寸（1 ~ 2 厘米）的斜坡。这样倾斜使石墙更稳定。

如果使用修整后的石材建造石墙，并且高度不到 2 英尺（60 厘米），那么可以选择垂直于地面的石墙。

如果沿着石墙的水平方向一次摆放两个石块，而不是摆放好一个后再从头摆放另一个，那么整个施工过程就会更轻松。

石墙的框架石材摆放到位后，需要从头开始在它们之间填充较小的石材。在不移动框架石材的情况下，尽可能用碎石填满缝隙。

其他部分。摆放好一层层的石材后，凿掉或敲掉石材的突出部分，以提高石材之间的贴合度，可让石墙更加坚固。也可以通过填充小型的石楔块来避免石材晃动。使用石楔块时尽量塞紧，以免被撞出来。

跨越下层石材之间的缝隙来摆放石材：用一块石材跨过两块，或用两块石材跨过一块。除了连接石、墙面斜坡和倾斜摆放石材之外，这也有助于提高墙体的整体稳定性和完整性。

▲帽石的宽度会超出其他墙体石材，墙体石材通过交错摆放来提高石墙的整体牢固程度

完成石墙。用同样的方法继续逐层摆放石材。如果适合做连接石的石材不够，那就每隔一层摆放。如果石墙有拐角，就把两个连接石重叠起来以形成拐角并连接两段墙。

接下来，可以用较小的石材填充石墙上的大间隙。使用锤子将小石材敲入到位，注意不要移动摆放好的石材。

顶层帽石。摆放最上层石材的时候，尽量摆放平整，以免顶层石材摇晃。

一般会将最平整、最美观的石材放在顶层，并且帽石的宽度都要超过石墙主体。如果帽石块不太大且石墙可能被当成凳子，则可以用砂浆来固定顶层石块，这样也可以降低水进入石墙的可能性，从而保护石墙在秋天不会隆起，在冬季不会被冻坏。

在较温和的气候环境中，可以使用 2 ~ 4 英寸（5 ~ 10 厘米）厚的砂浆砌筑顶层帽石。石墙的顶层要设置 1 ： 100 的单面或双面坡度，以利于排水。

▼低矮的花园石墙通常用作植物的衬托背景

▲统一切割成方形的石材使用起来比原石容易得多，但是也更贵

独立石墙用作种植床

只需稍作修改就可以将独立石墙改造成种植床。一般来说，使用适合植物生长的土壤来替换墙面之间填充的碎石，但是不要减少墙面之间的连接石。为了使土壤长久保持在石墙间，可在土壤和墙石之间放一层土工布。在连接石的位置切割并重叠土工布。

独立石墙可以让人更容易进行园艺活动，因为一张种植床可以把植被抬高到合适位置，这样人们无论是坐着还是站着都可以轻松地进行园艺工作。

与花坛类似，独立石墙上的种植床对植物来说也不是一个很好的生长环境。在土地上生长良好的植物可能会在种植床上被冻伤。在炎热、阳光充足的地方频繁浇水可能会使在石墙上种植花草不切实际。

砌筑独立石墙

与干砌石墙相比，砂浆砌筑石墙的选址有更大的灵活性。层与层之间的砂浆和混凝土基础使石墙更高但相对较窄。

因为砌筑石墙可以建造得更窄，所以在空间有限的情况下，它们通常是首选。如果你想要一个能坐在上面的石墙，或者在休闲娱乐区域随时能靠在上面的石墙，那么砂浆砌筑石墙也是更好的选择。

对经验很少或没有经验的房主来说，不超过 4 英尺（1.2 米）高的砌筑石墙都是可行的。就像干砌石墙一样，石墙越整齐或越匀称，建造石墙的过程就越容易。砌筑石墙比干砌石墙显得更规则，在寒冷气候下的建造成本也更高。

混凝土地基。砌筑石墙不能随着地基的沉降而变形，因此它需要一个混凝土地基。通常，地基的宽度是墙体宽度的 2 倍，深度则与墙体

砂浆砌筑石墙施工

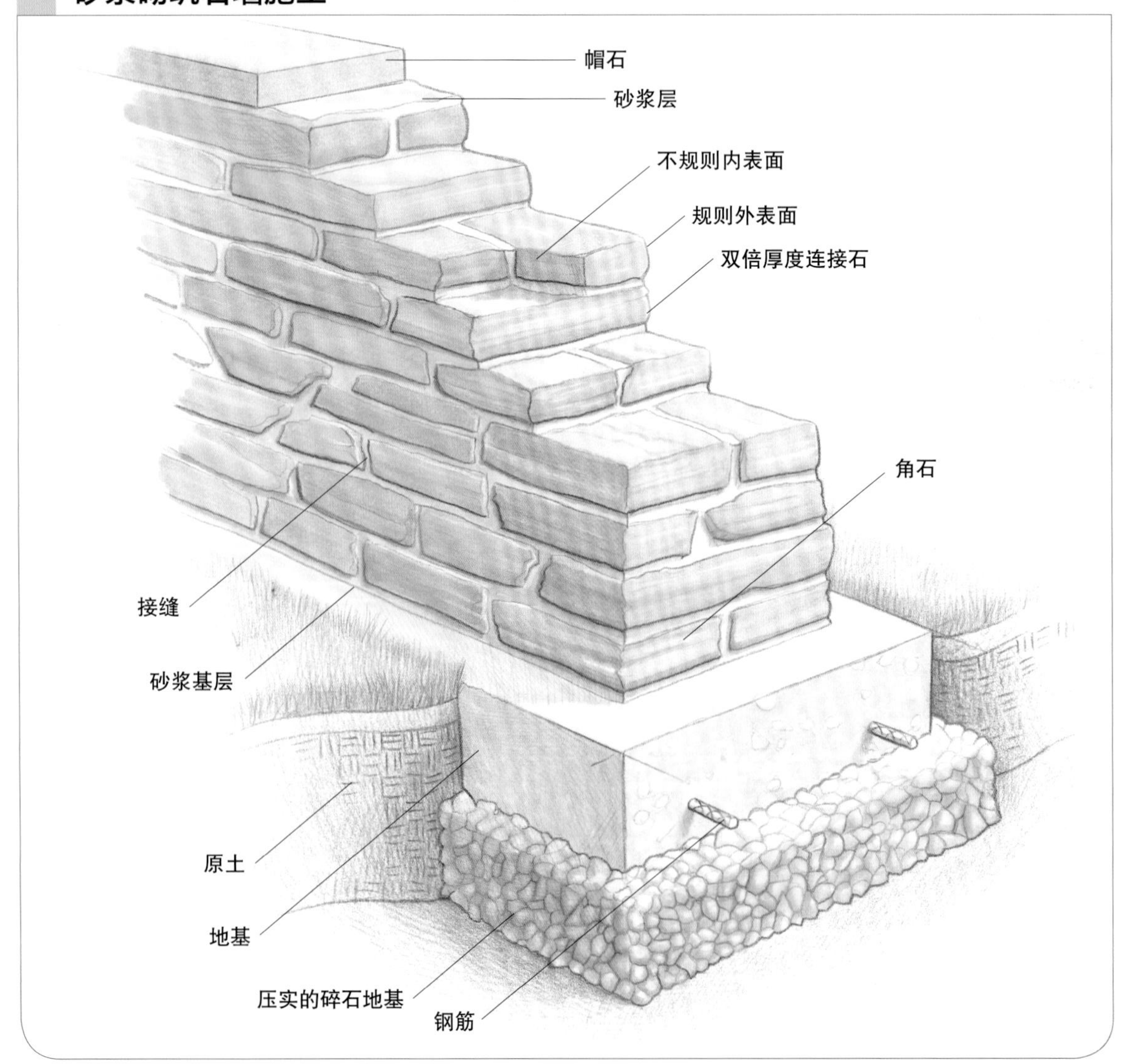

▲通过建造一小段石墙来估算总的砂浆用量

的宽度一样。例如，一面14英寸（36厘米）厚的石墙需要一个28英寸（72厘米）宽、14英寸（36厘米）厚的地基。在寒冷的气候条件下，地基必须延伸到冻结线以下以防止冬季墙壁隆起。完成了混凝土地基的施工之后，建造砌筑石墙的过程与建造干砌石墙的过程类似。

使用砂浆

砂浆的用量取决于石材类型和石墙接缝的大小。建造原石石墙使用的砂浆比用打磨过的石材建造的石墙使用的砂浆更多。要估算需要使用多少砂浆，首先要建造一段墙，并记录共使用了多少砂浆。再将该数量乘以剩余石墙的数量。例如，如果已经建造了一段5英尺（1.5米）长的石墙，而石墙的总长为20英尺（6米），那么你将需要使用已建造石墙3倍的砂浆来完成整面墙。

如果使用粗糙的采石场石材或原石建造石墙，则先把石块摆放到位，然后移走石材并制作一个1 ~ 2英寸（2.5 ~ 5厘米）厚的砂浆床，再重新摆放石材。

在建完一两层6 ~ 10英寸（15 ~ 25厘米）石墙后，用碎石和混凝土的混合物填充石材之间的空隙。如果使用的是修整好的石材，则可以在铺完第一层之后就建造墙的末端，这样有助于保持墙体形状的水平、垂直和方正。

基础施工

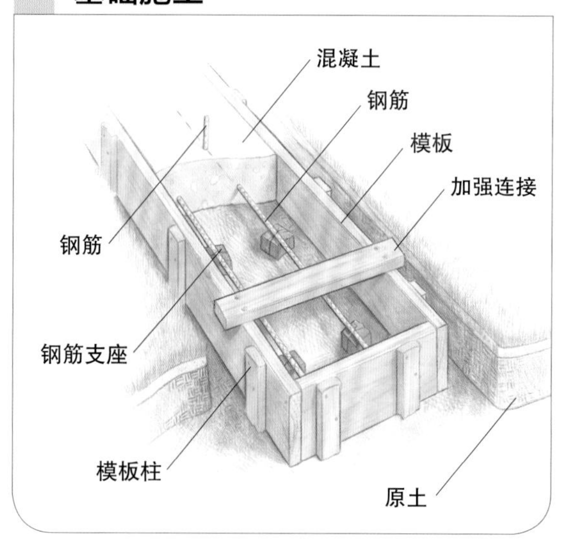

填充空隙。每一层的石材都用砂浆固定后，填充石材之间的空隙。将砂浆填入接缝中的最简单方法是先在铲子里装入一些砂浆，然后快速向下移动铲子并将砂浆抛入接缝中。接着使用抹子去除多余的砂浆并清理接缝，最后使用湿海绵擦掉石材表面的砂浆。一定要尽快去除多余的砂浆。

修整砂浆接缝。使用泥瓦匠的专用工具——末端为圆形的木头或适合接缝尺寸的圆头螺栓来抹平砂浆接缝。修整后的接缝有助于墙面排水，并且能提升石墙建完后的整体美观度。有多种接缝类型可供选择，具体可参考其他石墙范例，选择自己最喜欢的接缝类型。如果修整到位的话，不仔细观察一般用原石或半修整石材建造的石墙的话，有可能是看不到砂浆的。

修整的时机。修整砂浆接缝的时机比如何修整更加重要。将手指插入砂浆来测试其凝固程度，当砂浆坚固但仍然可以留下指纹时就是修整的最佳时机。砂浆达到此时机所需的时间因温度、湿度、光照强度和风速而异。用湿粗麻布覆盖石墙以延长砂浆凝固时间。使用计时器提醒自己检查砂浆凝固程度是有用的，尤其是在你进行铺设石材、填充接缝和修整接缝的工作时。

使用扫帚扫除松散的砂浆，并扫平接缝表面。如果有必要，使用钢丝刷清除粘在石材上的任何砂浆。注意：较软的石材，如砂岩，可能会因过度刷洗而受损。在使用钢丝刷之前要先进行测试。

▲修整后的接缝在砌筑石墙上看起来更美观，也更利于墙面排水

施工提示

摆放大型石材

如果需要摆放大型石材，你可能需要用楔块来固定石材直到砂浆凝固。最后用铲子边缘刮去多余的砂浆。

▼摆放现有的石材，直到为每一块都找到最合适的位置

▲即使是刚刚建成，这面结合了石材和金属的墙体却看上去像已经存在了很久

12

挡土墙

挡土墙可以用来改变土地的坡度以便创造出一片平地，用来种植植被、添加露台等，还可以保护斜坡土地免受侵蚀或坍塌。与独立石墙一样，挡土墙也有干砌的和砂浆砌筑的两类。干砌挡土墙是非正式的，不需要混凝土地基，因此比砌筑挡土墙更容易建造。砌筑挡土墙具有更高的稳定性，但更难建造。

设计挡土墙

在下图中，房主通过在平常的草坪上增加一段石材挡土墙实现了几个目标：创造了下沉式的种植空间，为住宿和早餐业务提升了价值，展现了自己对园艺的热情。由于石材能保温，石材挡土墙内部区域生长的植物有更长的生长周期，并在不用大棚的情况下加快了植物的生长速度。该设计的保温功能也延长了将该区域用作户外客厅的时间。

这个雄心勃勃的下沉式花园是建造挡土墙的一个典型例子。通过周到、有创意的规划，你也可以建造一个美观、耐用且能够提升景观整体效果的干砌挡土墙。

▲挡土墙创造了下沉的种植空间，从而延长了花卉的生长周期

场地准备

首先计算墙的高度。通常，斜坡的坡度决定了墙的高度，即斜坡越陡，墙就越高。这也有例外。例如，无论建造场地的斜坡陡还是不陡，隐私墙通常都很高。你也可能需要特定高度的墙，以便种植。

较高的石墙更难建造，成本也更高。对于高度超过 3 英尺（0.9 米）的石墙，结构和排水是关键要素，如果你之前没有经验，则不应在没有专业建议或帮助的情况下尝试。高墙的视觉体验也可能是个问题。与其建造一面高墙，不如考虑设置阶梯并建造一系列较矮的墙。

◄和独立石墙一样，用平整的、切割成方形的石材建造挡土墙更容易

▼用挡土墙来建造一片适宜种植的平地。挡土墙提升的种植高度让照顾植物变得更容易了

斜坡梯田。在山坡上开垦梯田是传承了数千年的传统。对于房主来说，开垦梯田的动机通常是希望将原本平淡无奇或难以维护的山坡变成易于接近且有吸引力的花园。

修建典型梯田的低矮石墙需要较少的建造技巧，可以一级一级地建造。梯田不仅开垦成本低于建造高墙，而且还创造了一个吸引人的场地。修建挡土墙的所有步骤都适用于开垦梯田或修建人工护堤。如果斜坡很陡而你想要宽阔的梯田，那么你需要把额外的土方从场地中移走。

开挖。明确了挡土墙的位置和高度后，就可以开始挖地基了。对于场地坡度较缓的矮墙，可能只需要移除草皮并向下挖掘 4 ~ 6 英寸（10 ~ 15 厘米）。在倾斜的地面上，开挖通常是一个先挖掘再回填的过程。当你把斜坡顶的土挖出后，可以使用这些土平整坡底。

挖掘的工作量超出预期是常见的，因为你需要挖出土壤来满足石墙空间、工作空间、砾石回填空间、额外回填空间，以最大限度地减少台背土堆墙壁的压力，这对于比较陡的高坡挡土墙是重要考虑因素。

在许多情况下，最后挖出的土壤都会超过回填的用量。尝试为挖出的土壤找到其他的景观用途。

墙的地基。因为可以随着地基的沉降而移动，干砌的挡土墙不需要混凝土地基。在排水良好的砾石土壤中，只需要去除草皮和 4 ~ 6 英寸（10 ~ 15 厘米）的表层土。沟渠要保持

小提示

石墙和许可证

在开挖之前，先明确你是否需要为建造干砌挡土墙申请许可证。

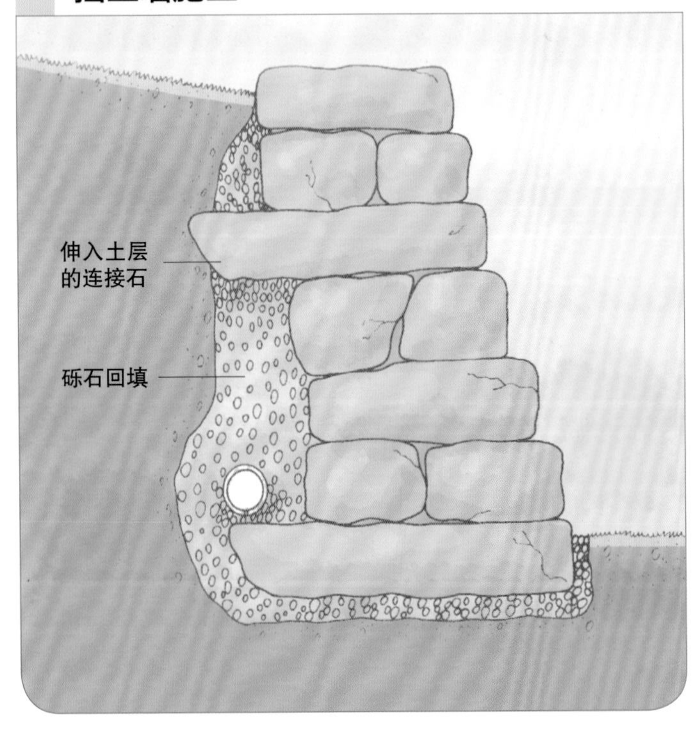

▲有趣的挡土墙为多彩的灌木和花卉提供了生长空间

◄用圆形石材建造挡土墙很有挑战性，最好将其用于建低矮的挡土墙

2% ~ 4% 的排水坡度。在沙质或潮湿的土壤中，再向下挖 4 ~ 12 英寸（10 ~ 30 厘米），然后铺设景观织物，最后回填利于排水的砾石并压实。

挡土墙的高度决定了沟渠的宽度。具体可参考如下指南：对于 3 英尺（0.9 米）以下的石墙，底部的宽度等于总高度的一半；对于较高的石墙，底座的宽度应接近高度的 2/3，如 3 英尺（0.9 米）高的石墙应该有一个 2 英尺（60 公分）宽的底座；规划高于 3 英尺（0.9 米）的石墙时，最好咨询专业泥瓦匠或景观承包商的意见。

砌筑挡土墙需要混凝土地基。根据当地建筑规范确定地基的深度和宽度。

▲在摆放石材的同时建造排水沟，在石墙的后面用砾石回填

▼除了建造一面高墙，还可以考虑修建一串阶梯墙，然后在上面点缀植物

施工提示

制作坡度测量仪

石墙应自下而上向内倾斜。在建造时随时检查向内倾斜的坡度，把两个 1 英尺 ×2 英尺木方在一端连接起来，制作一个坡度测量仪。木方两端的距离取决于要保持的坡度。使用的时候，把倾斜的 1 英尺 ×2 英尺木方靠在墙上，然后在另一块木方上放置水平仪；当水平仪显示垂直时，墙面的坡度就是正合适的。

排水。渗入斜坡的雨水会从干砌挡土墙石材之间流出。通常，这种类型的石墙不需要额外的排水系统。但是，如果场地潮湿，并且你想最大限度地减少石墙渗漏，那么可以添加一根排水管，这样水就不会流到墙面上。用几厘米的粗砾石回填可以最大限度地降低流水对石墙的侵蚀和泥土的流失。为了获得更好的稳定性（尤其对于陡坡），须在土壤和回填砾石之间铺设土工布。

如果计划建造砌筑挡墙，则必须设置排水系统。如果没有排水孔或其他排水措施，渗入斜坡的雨水会对墙施加额外的压力，导致挡土墙变形。

建造挡土墙

石材运到现场后，像修建独立石墙一样对石材进行分类：用于基座的较大石材，用于联结两个墙面的连接石，用于填充内部空间的碎石，以及用于墙壁顶部的帽石。与独立石墙不同，挡土墙只需要一面保持美观。如果墙很矮，土压力也不大，你可以砌一石宽的墙，只要石材够大，而且适合用于砌筑，即它们能很好地结合在一起。

计算坡度。挡土墙向后倾斜到支撑它们的斜坡上。这种倾斜就是坡度。挡土墙通常采用 1 ： 25 的坡度。如果墙壁很矮且使用的是半修整的石材，则可以减少甚至取消坡度。

▼渗入斜坡的雨水会从干砌石墙的缝隙里流出来

铺设基层。使用最大、最平坦的石材铺最下层。在墙的每一端摆放连接石，并沿墙以4 ~ 6英尺（1.2 ~ 1.8米）的间隔放置。理想情况下，连接石应该足够长以延伸到斜坡中。在连接石之间摆放一般的石材，一前一后以形成双石墙体。用较小的石头填充石材之间的空隙。

将所有墙石向坡顶倾斜。铺设完第一层后，可以沿着墙的前部回填，并且每回填2英寸（5厘米）都要夯实土层。如果要安装穿孔排水管，现在就将其沿着墙壁背面铺设，倾斜管道以利于排水。

摆放其余各层。接着铺设下一层石材，将其以第一层为基准稍稍向后摆放。错开连接石的位置，使石材与第一层中的连接石错开。摆放石材时要让两层之间的接缝相互错开。

第二层摆放就位后，用砾石回填，直到接近第二层的顶部。每回填2英寸（5厘米）砾石都要夯实。继续以相同的方式逐层铺设，定期用坡度测量仪检查墙面的角度，并在每完成两层之后回填。

铺设顶层。帽石通常稍宽于墙的宽度。水可以从干砌挡土墙的接缝流出，所以帽石的排水功能并不重要。为了提高稳定性，特别是当挡土墙被当成凳子时，最好用砂浆砌筑帽石。

完成回填。帽石铺设就位后，在距墙顶部4英寸（10厘米）左右的范围内用砾石回填。在砾石顶部铺设土工布，并用土壤或树皮完成回填。

▼铺设挡土墙石材时，使各层之间的接缝相互错开

▲挡土墙向后倾斜。每提高 1 英尺（30 厘米）就向后倾斜 2 英寸（5 厘米）

▼别致的小水塘被一个休闲风格的石砌挡土墙围绕着

建造篝火堆

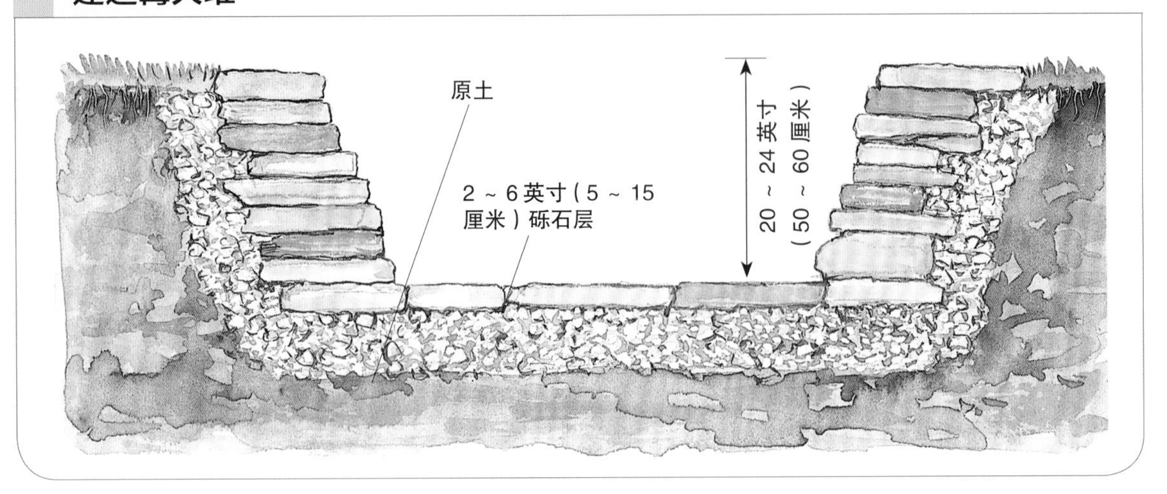

▼篝火堆可以成为庭院设计的点睛之笔

添加篝火堆

使用与建造挡土墙或独立石墙相同的技术，你可以在户外生活区建造一个石材篝火堆，从而为景观增添一个温馨的聚会场所。篝火堆削弱了风对火的影响，而对于认真的观星者来说，它还有一个额外的好处，那就是控制火光。

选择场地。适合建造篝火堆的位置包括后院、毗邻露台处、海滩上、池塘或水池旁。也可以在山坡上建造一个篝火堆，但必须先铺平一个区域。此外，是否有火灾隐患是确定篝火堆位置的决定性因素。选择一个与建筑物、燃料储存、燃气管线以及悬垂的树枝和供电线路保持安全距离的地点。除此之外，建造篝火堆还要综合考虑其娱乐性。

确定尺寸。篝火堆的尺寸没有硬性规定。锥形篝火堆在视觉上更具吸引力，尤其是当其直径小于 5 英尺（1.5 米）时。无论尺寸多大，都需要一个比篝火堆内部尺寸宽 24 ~ 36 英寸（60 ~ 90 厘米）的基坑。对于 36 ~ 42 英寸（90 ~ 100 厘米）宽、20 ~ 24 英寸（50 ~ 60 厘米）深的篝火堆，需要挖一个直径 6 英尺（2 米）的基坑。

基坑的深度取决于底层石材的厚度、土壤类型和篝火堆完成后的深度。计算基坑深度时，将篝火堆完成后的深度、底层石材的厚度和砾石垫层的厚度相加。

基坑开挖。用花园软管或绳子勾勒出篝火堆的外轮廓。如果必须去除草皮，可使用挖掘铲将其切碎。沿着基坑的周边切开草皮，然后将草皮切成易于处理的碎片，可以用它来修补其他地方的裸露点或堆肥。单独开挖表层土，以后待用。

► 为篝火堆选择一处远离房屋、燃料储备和电线的安全位置

基坑挖掘完成后将底部整平。使用 4 英尺（1.2 米）长的木工水准尺检查坑底水平度。用力将基坑底部夯实，然后添加至少 2 英寸（5 厘米）厚的砾石垫层，这样既能压实又利于排水。在黏土场地、有季节性积水或冬季可能土壤冻结的地方使用 8 英寸（20 厘米）厚的砾石垫层，并且每填充 2 英寸（5 厘米）就夯实到位。

建造篝火堆

想要建造篝火堆，需要将石材干砌成锥形。要构建圆形篝火堆，可使用一侧比另一侧长的石材。如果你不想花很多时间来修整石材，篝火堆从上面看可能很好看，但在一些石材之间可能会有楔形间隙，此时可用小尺寸的非承重石材填充这些空间。换句话说，当你施工时，像建造传统的石墙建筑一样保持墙石上的负荷。

摆放底层石材。首先将形成篝火堆底部的石材放在基坑的中间，然后在这些石材周围摆放第一层石材。底石和墙石之间有缝隙也没关系。

计算后退距离。要建造锥形篝火堆，需要先计算每层石材后退的距离。为此，最好先估算建造篝火堆的石材层数。每层的后退距离为篝火堆底部和顶部完工后直径之差的一半

除以层数。例如，对于底部宽 24 英寸（60 厘米）、顶部宽 36 英寸（90 厘米）的篝火堆，直径差为 12 英寸（30 厘米），差值的一半是 6 英寸（15 厘米）。如果共摆放 8 层石材，则将 6 英寸除以 8，得到后退距离为 0.75 英寸（2 厘米）。在此例中，每层石材都从它下面一层向后退 3/4 英寸（2 厘米）。

回填。完成约 6 英寸（15 厘米）高的石墙后开始回填。使用锄头、夯锤或脚压实回填土。给该区域浇水。每建造 6 英寸（15 厘米）的墙后都重复此过程。随着时间的推移，一些回填土会穿过石墙。在其他石墙中，土工布可以用于防止回填土进入石墙。但在篝火堆中，火产生的热量会熔化织物或炭化天然纤维粗麻布。可以使用金属筛网代替土工布。或在石墙后面几厘米处填埋小石块，然后用一些挖出的土壤填充其余空间。如果挖出的土壤是重黏土，可用砾石回填。

顶层帽石。当砌筑到距离顶部只剩 2 层石材的时候进行一些粗略的测量，使篝火堆周围的石材最终达到理想的平面，并且顶部有 1 ： 10 的向外斜坡。将每块石材摆放到位后，进行安全检查。让体重至少 150 磅（70 千克）的人站在石材上并尽可能地向外探出身子，小心不要掉下来。对每块靠近坑边的石材重复此项操作。如果石材稍微倾斜了一点，重新摆放或替换。施工完成后，进行切割或填充，开挖区域到外围的过渡是自然的。下页的图片说明了篝火堆与其周围环境之间的不同联系方式。

增设座位。永久性的石材、木材或金属制作的长椅是一种实用便利的设施，即使没有篝火的吸引力，它也可以将篝火堆变成一个吸引人的场所。座位还可以作为从远处识别篝火堆地点的视觉线索。

▲这个现代的篝火堆用打磨的石块建造而成

▲除了能降低风对篝火的影响外，篝火堆还有一个额外的用途——衬托火光

英制与公制单位换算表

长度	
1 英寸	25.4 毫米
1 英尺	0.3048 米
1 码	0.9114 米
1 英里	1.61 千米

面积	
1 平方英尺	645 平方毫米
1 平方英尺	0.0929 平方米
1 平方码	0.8361 平方米
1 英亩	4046.86 平方米
1 平方英里	2.59 平方米

体积	
1 立方英寸	16.3870 立方厘米
1 立方英尺	0.03 立方米
1 立方码	0.77 立方米

常用木方尺寸

注：木方的公制断面尺寸和英制尺寸接近，如下所示，对于大多数用途，两者可以相互换算。

木方尺寸	1×2	19 毫米 ×38 毫米
	1×4	19 毫米 ×76 毫米
	2×2	38 毫米 ×38 毫米
	2×4	38 毫米 ×76 毫米
	2×6	38 毫米 ×114 毫米
	2×8	38 毫米 ×152 毫米
	2×10	38 毫米 ×190 毫米
	2×12	38 毫米 ×228 毫米
木板尺寸	4 英尺 ×8 英尺	1200 毫米 ×2400 毫米
	4 英尺 ×10 英尺	1200 毫米 ×3000 毫米
木板厚度	0.25 英寸	6 毫米
	0.375 英寸	9 毫米
	0.5 英寸	12 毫米
	0.75 英寸	19 毫米
连接间距	16 英寸	400 毫米
	24 英寸	600 毫米

容积	
1 液体盎司	29.57 毫升
1 品脱	473.18 毫升
1 夸脱	0.95 升
1 加仑	3.79 升

质量	
1 盎司	28.35 克
1 磅	0.45 千克

温度

华氏度 = 摄氏度 ×1.8+32

摄氏度 =（华氏度 −18）×0.556

钉子尺寸和长度

规格	钉子长度
2d	1 英寸（25.4 毫米）
3d	1.25 英寸（32 毫米）
4d	1.5 英寸（38 毫米）
5d	1.75 英寸（44.5 毫米）
6d	2 英寸（50.8 毫米）
7d	2.25 英寸（57 毫米）
8d	2.5 英寸（63.5 毫米）
9d	2.75 英寸（70 毫米）
10d	3 英寸（76.2 毫米）
12d	3.25 英寸（82.5 毫米）
16d	3.5 英寸（89 毫米）

词汇表

骨料 碎石、砾石或其他添加到水泥中以制成混凝土或砂浆的材料。砾石和碎石是粗骨料，沙子是细骨料。

块石 任何以随机或统一尺寸切割成方形或矩形的石材。此外，块石还可以用于铺设地面的花纹图案。

回填 沙子、砾石、豆石或碎石作为形式稳定的多孔材料用来重新填充挖掘区域。

坡度 石墙从底部到顶部的角度，是石墙保持稳定所必需的。

基床 水平砌体接头，有时也称为基床接头。此外，还指任何用于放置石材（碎石、砾石、沙子或砂浆）的准备好的表面。

比利时块石 切割成正方形或长方形的石材，通常为一块砖的大小，用于铺路。

连接石 一块长石头，用来将两块墙面石连接到一起。有时也称贯通石。

建筑面 承载和分布墙内荷载的石材表面，通常是指石墙的顶面或底面。

填缝石 用于填充石墙缝隙的形状不规则的小石头。

鹅卵石 任何用于铺路的小尺寸磨石。

混凝土 波特兰水泥、沙子、砾石或碎石与水的混合物，固化后形成固体材料。

帽石 石墙顶层的石材，通常比墙稍宽，有时也称盖石。此外，构成池塘或水池一圈的石材也叫帽石。

层 墙上的水平石层。此外，成排的、大小均匀的块石石层或铺路石石层可用于步道或露台。

“疯狂路面” 由不规则形状的石块铺设的步道或露台。

碎石 小尺寸石材，有多种颜色和尺寸，表面粗糙、有棱角。

硬化 混凝土变硬且强度提高的过程。

切割石材 任何已被打磨或加工成特定形状或尺寸的石材。

修整石材 通常是采石场开采的加工过的原石，四面都是方形的，表面光滑。

干砌墙 无砂浆建造的石墙。

开挖 清除泥土，使石材景观由坚硬、平整且排水良好的地基支撑。

面 石材暴露的一面。

原石 自然环境中发现的石材。

石板路 用石板修建的步道或露台。

石板 切割成 1 ~ 2 英寸（2 ~ 5 厘米）均匀厚度的石材，用于步道和露台表面。石板有统一的矩形形状和随机形状的碎石，碎石拼接的路面有时称为“疯狂路面”。

地基 用于支撑砌筑石材建筑的基础，由混凝土制成并延伸至冻结线以下，以避免出现地基冻胀问题。

冻结 由土壤中水的交替冻结和解冻而引起的地面移动或隆起。

冻结线 土壤在冬季时结冰的最大深度。冻结线的深度因地区而异，在冬季有积雪的区域（如步道、台阶和车道）更深。

接地故障漏电保护器（GFCI） 一种安全断路器，用于比较流入插座的电流量和流出插座的电流量。如果电流量存在差异，GFCI 会自动断开电路并切断电流。潮湿区域要求使用该设备。

硬景观 由无生命材料（如混凝土、石材或木材）建造的景观。

石匠丝线 泥瓦匠使用的一种麻线，可以拉紧。用于项目放样、检查水平度，并作为直线的参照标准，在铺设过程中检查平整度。

微气候 景观中不同于其他部分生长条件的区域。这些差异可能是由接收到的光照量、风流、地形和其他因素的差异引起的。

砂浆 胶结材料、细骨料和水的混合物。砂浆用于黏合砖块或砌块。

标称尺寸 砌体单元加一个砂浆接缝的尺寸。

豆石 小尺寸圆形石头，最常用于砾石花园或步道。

波特兰水泥 烧石灰、铁、二氧化硅和氧化铝的混合物。这种混合物经过窑炉烧制、研磨成细粉后包装出售。

预包装混凝土混合料 一种以合适比例混合水泥、沙子和砾石的混合物，只需要加水便可制成新拌混凝土。

商品混凝土 混凝土供应商提供的湿混凝土。可以直接用于浇筑。

钢筋 用于加强承重混凝土的螺纹钢，如地基、基础墙、柱子和壁柱。

挡土墙 用来阻挡倾斜地面或改变坡度的石墙。挡土墙可以是干砌的或砂浆砌筑的。

铺路石 任何被切割、打磨成统一尺寸和形状的石材，通常为一块砖的大小，用于铺设步道和露台。

采石场修整石材 四面方形但表面粗糙的石材。有时也称为半成品石。

溪流石 中小尺寸的水磨石或磨圆石。

整平 在模板顶部来回移动的木方直板，以铺平沙子或混凝土。

独立喷泉 有自己的水箱且不需要池塘的喷泉（也称为自给式喷泉）。

加强钢筋 钢丝网或钢筋，用于加强混凝土。

夯实 每 2 ~ 4 英寸（5 ~ 10 厘米）厚度压实一次砾石或沙子，为平坦的石材景观（如露台）奠定坚实的基础。

夯锤 用于压实土壤或砾石以使其不易移动或破碎的手动工具或动力装置。

条石 一块长石头，用来将两侧的墙面石连接成一个整体。有时也称连接石。

浮土 土壤的最上层，对园丁来说它是最肥沃和最有用的。

渗水孔 砂浆砌筑的挡土墙上的一个孔，可以让水渗出以减轻水对墙的压力。通常通过在砂浆接头中嵌入一段塑料管或金属管而成。

墙面石 墙的垂直石材。